REPROGRAMA TU MENTE

Guía Completa para Principiantes
Maximice su Productividad a través
del Mindset Hacking

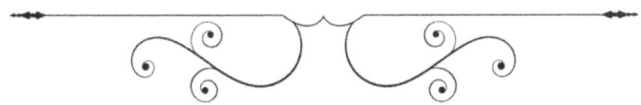

Tabla de Contenidos

Introducción

Bienvenido a Reprograma tu mente: Una guía completa para principiantes para maximizar su productividad a través de Mindset Hacking. En este libro, ofrecemos 240 consejos y trucos que te ayudarán a hacer las cosas de manera más eficiente. Su mentalidad es la parte más importante en la forma en que realiza varias tareas, decidiendo cuánto enfoque, autodisciplina, organización y más; para ir a las tareas diarias que realiza en el trabajo o en casa, centrándose en objetivos personales. Te enseñaremos a "hackear" tu forma de pensar de diferentes maneras. En esta introducción, le daremos una descripción general de los tipos de técnicas a las que ahora tendrá acceso. Siéntase libre de saltar a capítulos particulares de interés, ya que este libro puede leerse en el orden que desee, pero se asegurará de encontrar consejos útiles en cada uno. Aquí está nuestro resumen del capítulo:

Capítulo 1 - Trucos para ahorrar tiempo: siempre hay formas de hacer las cosas más rápido. El problema es que a menudo nos sentimos abrumados y parece que nunca tenemos suficiente tiempo. Afortunadamente, tenemos algunos trucos para eso. Hemos compilado una serie de métodos utilizados en todo el mundo para administrar con éxito el máximo provecho del tiempo. Eche un vistazo aquí y permítanos mostrarle lo que puede hacer para domesticar mejor el reloj de arena.

Capítulo 2 – Consejos saludables: El rendimiento general está regulado por el estado del cuerpo y la mente. Hay hábitos simples en los que puede incurrir para asegurarse de que está maximizando su potencial tanto física como mentalmente. Es posible que se sorprenda de lo que unos pocos cambios menores en su rutina pueden afectar su mentalidad de rendimiento. ¡Hackea tu cuerpo para que puedas hackear tu mente mejor!

Capítulo 3 – Trucos mentales: todo se trata de la actitud, ¿no es así? Una serie de consejos y trucos pueden ayudarlo a asegurarse de que está agregando una mentalidad afilada a la ecuación cuando se trata de romper esa carga de trabajo o hacerse cargo de sus objetivos personales. La perspectiva es clave, por lo que hemos obtenido una serie de técnicas que puede utilizar para hacer uso de su mayor recurso... ¡la mente! Echa un vistazo por ti mismo y ver!

Capítulo 4 - logro de objetivos: tener un objetivo es bueno, pero lograrlo es aún mejor. El problema es que establecemos una serie de objetivos para nosotros mismos, pero rara vez nos sentamos, los trazamos, e incluso si lo hacemos, eh... bueno, seguirlos puede ser una tarea difícil. Estos consejos y trucos te ayudarán a ir de cero a héroe cuando se trata de planificar, implementar y obtener tus objetivos, tanto grandes como pequeños. Pensamos que te gustará lo que tenemos aquí.

Capítulo 5: trucos y consejos sobre priorización: a veces es difícil priorizar sus tareas de manera rápida y eficiente, por lo que este capítulo está dedicado a eso. ¡Hemos compilado trucos y consejos que puede convertir en hábitos para ayudarlo a acortar ese proceso para que pueda hacer más! Una vez que sepa qué es lo más importante, se preocupará menos y tendrá una idea más estática de qué hacer a continuación y cuándo hacerlo.

Capítulo 6: Trucos para ser mas Productivo: a veces es difícil mantenerse al día a medida que avanza en una tarea o proceso particularmente difícil. Es demasiado fácil distraerse si no está preparado. Con hackear un poco la mentalidad, la productividad puede ser una brisa. Hemos reunido una serie de métodos que puede utilizar para combatir la mente errante y mantener su productividad fresca y potente.

Capítulo 7 - Trucos de enfoque: enfocarte puede ayudarte a ignorar las distracciones y mantener siempre tus ojos en la meta. ¿Tiene problemas para mantener su ojo en el premio? Bueno, no te preocupes más. Este capítulo detalla los trucos para hacer exactamente esto. Asegúrese de revisar esto para ver qué puede hacer para ayudarse a sí mismo a enfocar con láser.

Capítulo 8: Meditación y consejos para la atención plena: la meditación es una buena manera de alterar su forma de pensar, aliviando el estrés al mismo tiempo que vuelve a poner el contador de su desorden mental para que pueda concentrarse en la productividad y las nuevas ideas. La atención plena se basa en meditaciones budistas con el objetivo de descarrilar los pensamientos destructivos o ilógicos a través de la visualización y el pensamiento creativo. Hemos compilado una serie de técnicas rápidas de ambas disciplinas que se pueden utilizar en cualquier nivel de experiencia que le resulte útil. Déles una prueba de manejo y vea qué pueden hacer para manejar su mentalidad en cuanto a productividad.

Capítulo 9: trucos y consejos de organización: ordenando el espacio de trabajo, detallando ese proyecto o maximizando los factores de productividad del entorno de su hogar, tenemos consejos que pueden ayudarlo a lograrlo con estilo y facilidad. El hogar es el lugar donde más haces y también recargas las baterías, por lo que no debes descuidar este factor importante en el Mindset Hacking. Eche un vistazo a estos consejos y vea cuáles de ellos le gustan mas. No estarás decepcionado.

Capítulo 10 – Trucos de autodisciplina: una buena autodisciplina en general es otro objetivo al reprogramar su mentalidad. También es uno de los más desalentadores, ya que incluso los mejores de nosotros caemos en la tentación de vez en cuando. ¿Por qué no apilar la baraja con un pequeño Mindset

Hacking? Use estas pequeñas pepitas de trucos mentales que hemos proporcionado para ayudarlo a maximizar su autocontrol y disfrutar de las ventajas que vienen con estos trucos para la mentalidad en particular. ¡Te alegrarás de haberlo hecho!

Capítulo 11 - Consejos para la memoria: a veces tenemos tareas de trabajo complejas u objetivos personales que requieren que hagamos malabares con mucha información, a menudo con muy poco tiempo para investigar y archivarlos correctamente en el antiguo banco de cerebros. ¡También tenemos hacks para eso! ¡Utilice estos consejos para ayudarlo a recordar los datos que necesita con menos esfuerzo de su parte!

Capítulo 12 -Descanso y relajación trucos y consejos: los hábitos adecuados para dormir y descansar no solo son buenos para la moral, sino también para la agudeza y agudeza mental en general. Trabaja duro, juega duro (o relájate suavemente, es tu elección). ¡Aproveche los consejos que hemos recopilado para maximizar la eficiencia de su mentalidad de piratería para que pueda sentirse relajado y sin estrés!

Ahora que le brindamos una descripción general, siéntase libre de leer este libro de principio a fin o simplemente vaya directamente a sus áreas de interés. El objetivo de este libro es permitirle pensar fuera de la caja en todas las áreas de la vida. De hecho, las técnicas que aprenderá aquí pueden usarse mucho más allá del rango que hemos definido en los contenidos, así que absorba lo que le parezca adecuado y siéntase libre de adaptarlo de la forma que elija.

Ya está listo para llegar a una cierta mentalidad de piratería, pero antes de continuar, queremos tener en cuenta que solo obtendrá lo que está dispuesto a poner en ello. Estas técnicas están diseñadas para estar listas para la práctica de inmediato, pero aún así TENDRÁ que practicar y como no hay dos personas iguales, ¡querrá probar varias técnicas hasta que encuentre el ajuste perfecto para usted! Dicho esto, sin más dilación, vamos a las técnicas y te mostraremos lo que puedes hacer si aprovechas el poder de Mindset Hacking.

CAPÍTULO 1

Trucos para Ahorrar Dinero

El tiempo es una cosa tan difícil. A veces tenemos abundancia (aunque a menudo estos parecen ser tiempos negativos) y otras veces simplemente no podemos obtener lo suficiente. Manejarlo ... bueno, eso siempre ha sido delicado. Afortunadamente, tenemos algunos Hacks de mentalidad que pueden hacer el truco.

Hemos reunido algunos consejos para ahorrar tiempo que lo ayudarán a administrar su tiempo como un profesional. Muchos de ellos son, como el mejor consejo, cosas simples que hemos visto hacer a otros y son simplemente formas eficientes de usar algunas herramientas útiles que ya puede tener en su entorno para maximizar su uso del tiempo. Aquí hay una lista útil de consejos y trucos que hemos compilado para usted:

1. Diario de tiempo: piense en esto como la parte de la "fase de auditoría" para mejorar sus habilidades de gestión del tiempo. Lleve un registro de cómo pasa sus horas a través de aplicaciones o un buen planificador de papel a la antigua. Si bien el documento no tiene todas las campanas y silbidos que te pueden gustar, ya viene organizado para documentar habilidades. Esto significa que no tiene que perder tiempo aprendiendo una nueva aplicación si solo desea comenzar con el registro donde le corresponde.

2. Elija los compromisos sabiamente - Esto es realmente muy importante. Si siempre está seleccionando tareas muy sensibles al tiempo que encuentra demasiado debilitantes, esto puede afectar su productividad general. Intenta optar por tareas de trabajo que no te agoten tanto como sea posible. No se salte completamente los difíciles, por supuesto, ya que estas tareas complicadas son generalmente la forma en que aprendemos a hacer más. Dicho esto, todos tienen sus propias habilidades especiales y no hay nada de malo en mantenerlos en forma al asumir compromisos que no lo agotarán a diario.

3. Mantenga los correos electrónicos breves: Este puede ahorrarle una inmensa cantidad de tiempo. Mantenga sus respuestas de correo electrónico claras y concisas. Solo los datos que el destinatario necesita, ni más ni menos. A menudo, puedes encontrarte escribiendo pequeñas novelas en el trabajo cuando se evita fácilmente con un poco de práctica. La próxima vez que se encuentre escribiendo un correo electrónico con una extensión aproximada a la última novela de Stephen King, deténgase. Siéntate en él por un día y luego ábrelo de nuevo. Pregúntese: '¿Cómo puedo decir lo mismo en 5 o 6 oraciones?'. Este truco también funciona cuando se envía un correo electrónico emocional en el trabajo (un enorme no-no) al permitirle alejarse para ver el contenido del correo electrónico. la mañana siguiente. Esto le permite sacar cualquier cosa innecesaria, incluida información inútil, especulaciones sobre el día o emociones si le resulta difícil trabajar con otra persona en su empresa. ¡Cuando se trata de correos electrónicos, ahórrate un mundo de tiempo adhiriéndote solo a los hechos!

4. Práctica de mecanografía: ¿es usted un mecanógrafo de caza y peck? Si está trabajando con una computadora todos los días, puede ser de gran ayuda descargar algún software de tutoría de escritura o utilizar cualquier número de recursos de escritura gratuitos en línea. La velocidad promedio de escritura para los profesionales que no son de TI suele ser de alrededor de 40 palabras por minuto. Al aumentar su velocidad al nivel de TI (alrededor de 70-90 palabras por minuto), puede reducir su tiempo en la computadora a la mitad y poner ese tiempo en otros lugares según sea necesario. ¡Asegúrese de comenzar a entrenar sus nuevas habilidades de escritura hoy!

5. Use alarmas: su teléfono inteligente tiene algunas funciones de alarma muy simples que puede utilizar para programar sus tareas. Dicho esto, si está utilizando una computadora en el trabajo y tiene Outlook, tómese el tiempo para sincronizarlo con su teléfono inteligente. Esto hace que las tareas de programación sean BREEZE y le dará una alerta 15 minutos antes de dicha tarea para que pueda estar listo (el tiempo es ajustable y puede descartar estas alertas o "posponerlas" si lo necesita. Aproveche la tecnología en su bolsillo, no vas a creer cuánto tiempo ahorrarás.

6. Baje las expectativas: si la cantidad de tareas que se está configurando es demasiado grande, simplemente minimícela. No querrás desanimarte a ti mismo en una mala productividad. Un método para esto es abordar las tareas con la mentalidad de "3 cosas por día". Sin embargo, esto solo es bueno para tareas personales, como escribir esa novela o hacer más ejercicio, y no se recomienda para el lugar de trabajo. Consigue un calendario de pared y 3 marcadores de diferentes colores. Cada mañana, cuando se despierte, dibuje un círculo en la fecha de hoy y divida su círculo en 3 partes. Cuando complete una de sus 3 tareas, coloree un tercio de su círculo en el color que haya asignado a esa tarea. Esto le brinda una vista rápida de su progreso diario y, si bien 3 cosas no suenan demasiado, ver su propia productividad lo inspirará a hacer más trabajo durante el día. Entonces, no tengas miedo de disminuir tus expectativas al principio. Céntrate en lo que PUEDES hacer por ahora y construye desde allí. Cada casa sólida está construida sobre cimientos sólidos.

7. Dedique menos tiempo a las tareas difíciles: en el lado opuesto de la ecuación, también puede ser beneficioso tener MENOS tiempo para cumplir una tarea difícil. Esto te enseña a poner tu cerebro a toda velocidad para anular esos proyectos de la manera más rápida y eficiente posible. Para obtener los mejores resultados, consulte el número 10 (adquiera el hábito de comenzar a la misma hora cada mañana). Pruébelo y se sorprenderá.

8. Plantillas: excelente al escribir novelas, informes y cualquier otro elemento complejo que necesitemos para crear en el lugar de trabajo. Una plantilla puede ahorrarle tiempo al permitirle dirigir los datos necesarios a una velocidad mucho más rápida de la que podría recopilar por su cuenta. Como beneficio adicional, cuanto más los use, menos podrá encontrar que confía en ellos, después de haber archivado el orden mental en su subconsciente.

Si no tiene plantillas para informes y tales ya disponibles en su lugar de trabajo, una búsqueda rápida en Google puede proporcionarle una serie de plantillas para casi cualquier cosa. Aprovecha esto y ahórrate horas de esbozar. Vale la pena.

9. Dictado: ¿No es usted un gran fanático de la escritura, ya sea por artritis, túnel carpiano o incluso un viejo rencor con un profesor de mecanografía del que no está del todo listo para dejarlo? No es un problema. Programas como Dragon: NaturallySpeaking pueden aprender las cadencias particulares de su voz para hacer que no solo la escritura, sino también los comandos del sistema se conviertan en una experiencia mucho más placentera. Este software en particular ha existido durante años y, como tal, se adapta a su voz con muy poco entrenamiento. Lo mejor de todo es que la versión profesional viene con macros, una función que le permite "grabar" haciendo algo un poco más complejo, por ejemplo, abrir una carpeta particular y un conjunto de documentos seguidos de iniciar el reproductor de música para una lista de reproducción en particular, que puede asignar comandos de voz específicos a. Las macros realmente registran dónde hace clic con el mouse y qué acciones toma, por lo que puede ser una herramienta muy, muy útil en su panoply para ahorrar tiempo. Por supuesto, recuerde mantener la música en los instrumentos, ya que la computadora ESTÁ escuchando sus comandos, pero con un pequeño programa de instalación de esta naturaleza puede mejorar considerablemente su productividad.

10. Comience TEMPRANO a la misma hora todos los días: si bien es posible que no le guste este al principio, levantarse y asegurarse de llegar temprano a su trabajo es un gran hábito. Dígase a sí mismo que "el tiempo es tarde" y comience a garantizar que siempre esté en el trabajo 20 minutos antes, de modo que tenga tiempo para relajarse y tomar una taza de café, tal vez lea las noticias diarias (importantes para los factores de socialización en el trabajo). ¡Y para revisar tu carga de trabajo antes de saltar a la refriega! Desarrollar este hábito ahora puede ayudar realmente a mejorar la productividad general, ya que no se sentirá apurado todas las mañanas, ¡sino que se sentirá relajado, fresco y listo para comenzar!

11. No se atasque con los detalles: si se encuentra atascado en tareas pequeñas, pase a la siguiente tarea y haga una nota para volver a la anterior. A veces, pequeños detalles pueden atascarnos cuando todavía hay cosas que podemos hacer en el momento inmediato. Si ha estructurado su trabajo, hay una serie de componentes en los que puede concentrarse. Piensa en ello como un reloj. Hay muchos pequeños engranajes y resortes que forman el conjunto y cada uno tiene su propia importancia. Enfócate en lo que PUEDES hacer. Si aún está bastante preocupado por perder algunas de las tareas más importantes, entonces no se preocupe más, tenemos un capítulo que se acerca a los trucos de priorización que le ayudarán a saber qué puede postergar y en qué debe trabajar de inmediato.

12. Aproveche el tiempo de inactividad: ¿tiene problemas para cargar páginas de Internet? ¿Está esperando un correo electrónico de alguien que también está trabajando en el mismo proyecto? Utilice su tiempo de inactividad. Siempre hay algo que puedes estar haciendo. Elija otro elemento de su lista de tareas en el que pueda comenzar. Describa los siguientes pasos para cuando complete la tarea detenida. Como mínimo, puede revisar su progreso actual hasta que obtenga el visto bueno para seguir adelante. Sea creativo, sabe que hay trabajo que puede hacer y que puede hacer una gran diferencia cuando está trabajando en una fecha límite. Aproveche ese tiempo de inactividad ahora y tendrá más tiempo libre más adelante.

13. Llegue temprano. De vez en cuando, una buena manera de salir adelante en el trabajo es un método simple. Entra temprano. Tendrá menos distracciones en la oficina, más tiempo para trabajar y una mentalidad matutina renovada que le permitirá abordar los problemas más difíciles. No tiene que hacerlo todos los días, por supuesto, pero una vez a la semana puede ser muy beneficioso y no es demasiado esfuerzo de su parte. Además, no importa cuán ciegos pensemos que pueden ser a veces, su jefe se da cuenta de cosas como esta. Una inversión de tiempo mínima ahora podría significar una promoción o, como mínimo, menos casos de tener que trabajar el fin de semana. Solo algo a tener en cuenta.

14. No responda de inmediato a los correos electrónicos. El correo electrónico es un medio maravilloso para una comunicación rápida, sin embargo, también puede ser una distracción enloquecedora. Intente decidir con anticipación cuándo contestará los correos electrónicos. En general, recibimos una ventana emergente cuando llega un correo electrónico con el nombre y el asunto presentes. Aproveche esto al aconsejar a su jefe y compañeros de trabajo que pongan "Urgente" en el asunto si el asunto es algo que debe tratarse de inmediato. De esta manera, usted sabe lo que puede y no puede esperar, y puede dedicar todo su enfoque al trabajo en cuestión.

15. Tareas relacionadas con lotes: si tiene varias tareas que realizar y muchas de ellas son similares o están en la misma categoría, entonces hágalas en lotes relacionados de categorías. Por ejemplo, si necesita ejecutar 2 informes, contactar a 3 clientes y enviar 2 clientes por correo electrónico, es una pérdida de tiempo ejecutar 1 informe, enviar un correo electrónico a un cliente, etc. Haga todos los informes a la vez, haga todas las llamadas a la vez , lo mismo con los correos electrónicos. El razonamiento detrás de esto es que existe una mentalidad diferente asociada con varios tipos de tareas. Es más eficiente hacerlo en lotes relacionados para que no tenga que cambiar constantemente la mentalidad. Intente hacer su trabajo en lotes relacionados y vea cuánto tiempo realmente puede ahorrar. Estarás más feliz por ello.

16. Energizantes - (cafeína o azúcares de fruta) - Si no abusas de él, la cafeína y el azúcar de fruta pueden ser tu amigo. Cuando necesite trabajar rápidamente y con mayor vigilancia, asegúrese de no saltearse el café. Los azúcares de la fruta también funcionan, así que si no eres fanático del café o el té, comienza la mañana con unas rodajas de manzana y miel. Esto le puede dar ese 'go!' Adicional para ayudarlo a abordar lo más que pueda durante su jornada laboral (¡con el bono adicional de bebidas o frutas sabrosas!).

17. Determine su horario óptimo: todos tienen un horario durante el día o la noche cuando están trabajando de la mejor manera. ¿Sabes qué horas son para ti? Podría valer la pena tomar nota de los momentos en que parece que está haciendo lo mejor que puede. El conocimiento de este período de tiempo puede ayudarlo, ya que puede asignarse las tareas más difíciles durante estas horas, de modo que pueda molerlas cuando sea más eficiente. ¡Realice una auditoría de productividad / tiempo y aproveche al máximo esta técnica!

18. Teletrabajo cuando sea posible: trabajar desde casa ahorra dinero para su lugar de trabajo y también lo hace más productivo. Hay un nivel de relajación que viene de casa que es bueno para aumentar la confianza y el rendimiento y simplemente no puede reproducirlo en la oficina. Además, ¡el tiempo que ahorra desplazamientos es tiempo que puede gastar en usted mismo! Si es una opción en su lugar de trabajo, considere teletrabajo más.

19. Olvida esa tarea difícil hasta después del almuerzo: si has estado luchando toda la mañana con una tarea en particular, considera pasar a otra tarea y regresar a la problemática después del almuerzo. Una vez que haya comido, se sentirá más relajado y con más energía, y el tiempo que dedique a separar su mente de la tarea problemática asegurará que volverá a ella con una perspectiva y una actitud nuevas. Si puede posponerlo hasta después del almuerzo, considere este enfoque. Se sorprendería de lo que su mente pueda encontrar en un escenario de resolución de problemas una vez que lo haya dejado un poco flojo.

20. Reloj de escritorio grande y desagradable: obtén un reloj de escritorio grande, tal vez incluso tonto. Sí, nos damos cuenta de que puede consultar la hora en la computadora de su trabajo o en su teléfono, pero este es un truco mental que sugerimos aquí. Tener un gran reloj en tu vista te hará ser muy consciente de la hora en todo momento. Esto lo ayudará a asegurarse de que se da cuenta de cuánto tiempo está gastando en artículos en particular y lo hará consciente de los próximos artículos que requieren su atención más adelante en el día. Pruébalo y ya verás. Un poco de crono-conciencia va por un largo camino!

Entonces, ahí vamos! Ahora está preparado para aprovechar al máximo el tiempo disponible, así como también para aprovechar un poco más de tiempo. ¡Aprovecha al máximo estos hacks y tu productividad aumentará! En nuestro próximo capítulo, discutiremos otro aspecto importante de Mindset Hacking: ¡su salud!

La mente es una herramienta poderosa, pero se encuentra dentro del templo al que llamamos cuerpo. La forma en que trate su cuerpo tendrá efectos positivos o negativos en su mente. Para poder equiparte mejor para esto, hemos incluido una serie de excelentes hacks para asegurarnos de que la sien no esté polvorienta ni mal utilizada. Teniendo esto en cuenta, pasemos al Capítulo 2: ¡Hacks de salud!

CAPÍTULO 2

Consejos de Salud

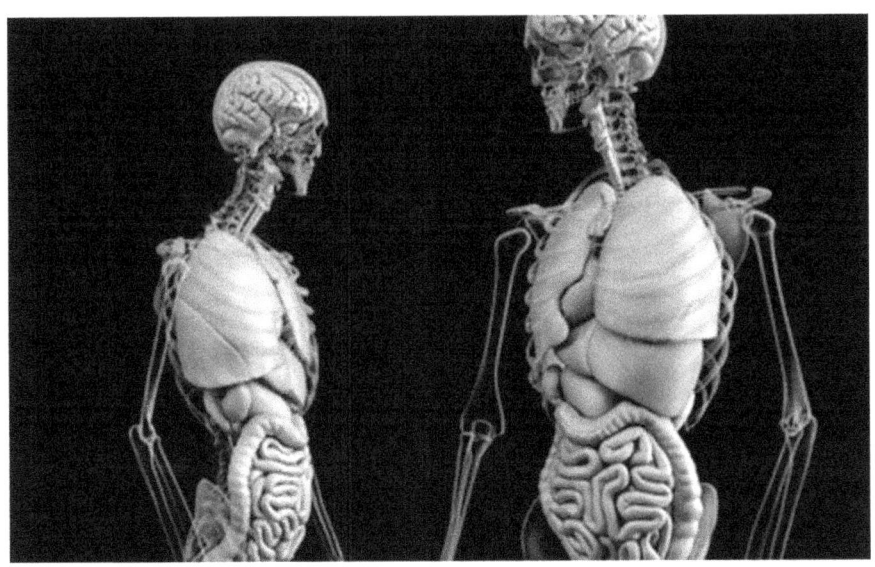

Un cuerpo sano es el lugar perfecto para albergar una mente sana. A través de la disciplina del ejercicio, los alimentos adecuados y una mentalidad saludable, podemos manejar nuestros niveles de productividad en casi todo lo que hacemos.

Todos se resisten a esta parte de mantener nuestro bienestar general, pero lo que muchos de ustedes no saben es que maximizar o mejorar su salud no siempre tiene que ser una tarea. Hay muchos trucos simples para hacerlo con muy poco tiempo y esfuerzo por tu parte. Entonces, ¿qué tipo de cosas puede hacer para promover esta agenda y aprovechar estos beneficios de salud para usted? Aquí hay una lista de 20 consejos y trucos que hemos recopilado solo para usted que lo ayudarán a cultivar una mentalidad saludable que puede llamar propia.

1. Ejercicio regular: este es el más efectivo y, por desgracia, el menos popular. El ejercicio regular, incluso 3 veces a la semana durante 20 minutos cada uno, puede energizarte y vigorizarte para esos días difíciles en el trabajo. La parte más difícil a menudo es comenzar, pero lo abordaremos más adelante en esta lista para aquellos de ustedes que tienen todo el deseo pero ninguno de los factores de motivación (¡todavía!). Si aún tiene problemas para ponerse en marcha, consulte el Capítulo 10 para ver un poco de piratería mental de autodisciplina.

2. Obtenga suficiente agua: mantenerse hidratado es una de las cosas más importantes que puede hacer, pero tendemos a descuidarlo al lado del ejercicio regular. Agua. Su cuerpo lo necesita y si no bebe lo suficiente, su cuerpo empezará a retenerlo, lo que puede ser perjudicial para la autoestima en los últimos años y un tema de mucha maldición cuando decide hacer que el agua sea lo más habitual. debiera ser. Una forma fácil de ayudar a garantizar que esté obteniendo suficiente agua embotellada. No tiene que obtenerlo de la tienda, solo las botellas, y traerlos consigo para que cada 2 o 3 horas pueda obtener suficiente agua para mantenerse hidratado y ayudar a garantizar un funcionamiento más eficiente de su máquina humana.

3. Pausas para el café (literalmente): la cafeína pierde su eficacia si todos los días se utiliza con demasiada frecuencia. Tomar un descanso para tomar un café de 2 o 3 días (o minimizar el uso los fines de semana, por ejemplo) puede ayudarlo a asegurarse de que su delicioso java esté allí cuando lo necesite. Sin embargo, ¿qué pasa si necesita su impulso todos los días? Bueno, esta cadena de pensamiento nos lleva a otra fuente de energía que puede no funcionar tan rápido, pero tiene la ventaja de no estrellarse contra ti más adelante ...

4. Manzana al día: los azúcares de la fruta son geniales, ya que suelen ser bajos en calorías y pueden ayudarlo a salir por la mañana, sin el consiguiente choque alimentario que puede provenir de los azúcares sintéticos o demasiada grasa. Inténtelo de vez en cuando, con su desayuno normal o COMO su desayuno normal. Sólo por un día para ver cómo se siente. Puede que se sorprenda gratamente cuando la energía llega a su cuerpo y decide quedarse con usted durante el día.

5. 6 comidas pequeñas al día: se trata de un ataque al cuerpo que los profesionales del gimnasio suelen emplear. Comer 6 comidas pequeñas al día, una comida cada 2 horas, puede aumentar su metabolismo y poner su energía a toda marcha. Estas deben ser comidas pequeñas para que no consumas demasiadas calorías y, en general, se trata de bocadillos pequeños en las comidas principales del día. Para ser claros, queremos decir 6 comidas en general, no 6 comidas y luego desayuno, almuerzo y cena. Esta también puede ser una excelente manera de perder peso, siempre y cuando haga un poco de conteo de calorías también. ¿Entonces, Qué esperas? Funciona para entrenadores y culturistas, ¿por qué no lo pruebas tú mismo?

6. Regule su sueño: dormir adecuadamente es primordial para el éxito. Intente programar sus horas de sueño para que ocurran a la misma hora todos los días. El cuerpo y la mente aprenderán a esperar dormir en este momento, lo que lo ayudará a ingresar al estado REM mucho más rápido de lo que lo haría con un horario de sueño errático. Hazte un horario y apégate a él tanto como puedas. Debe tenerse en cuenta que también hay una técnica en la que se puede ejecutar con tan solo 4 horas de sueño a la vez programándola a la misma hora todos los días. Sin embargo, no recomendamos esto, ya que la advertencia es bastante grave, ya que perder su horario programado, incluso un día a la semana, puede hacer que se sienta cansado durante días, ya que su cuerpo se esfuerza por volver al buen camino. Teniendo esto en cuenta, le recomendamos que duerma de 7 a 8 horas y que lo programe al mismo tiempo, si es posible.

7. Haga un seguimiento de sus hábitos alimenticios: hemos mencionado los beneficios de los azúcares de fruta y un plan de 6 comidas al día para estimular el metabolismo, pero también es importante lo que está comiendo. Si se trata de grasa y azúcares, puede considerar agregar algo de variedad a su dieta. Hay muchas ensaladas y frutas que puedes incorporar mientras disfrutas de muchas de las cosas que te gustan, así que no pienses que es una reestructuración completa. Solo haga una pequeña investigación con un contador de calorías y vitaminas en línea para ver qué puede hacer con sus hábitos actuales para mantener lo bueno y lo malo. Tu cuerpo te lo agradecerá.

8. Considere un entrenador personal: si la motivación sigue siendo un factor problemático en el ejercicio, considere ver a un entrenador personal dos veces a la semana antes de trabajar. El hecho de que tenga a otra persona allí como entrenador puede ayudarlo a sentirse menos incómodo en el gimnasio e incluso mejor, para asegurarse de que está aprovechando al máximo sus entrenamientos. Estas personas pueden asegurarse de que no pierdas el tiempo, que es el objetivo general de este humilde libro que estás leyendo ahora. Incluso encontrará que programar una sesión la mañana antes de pasar a una jornada laboral potencialmente difícil puede hacer una gran diferencia, ya que sus niveles de energía generalmente aumentarán durante el resto de la jornada laboral y aumentarán en general a medida que el tiempo progrese con su entrenador. No tengas miedo de invertir en ti mismo!

9. Meditación matutina: no estamos diciendo que tendrá que sentarse en posición de loto y cantar mantras (puede hacerlo si lo desea), pero un poco de meditación matutina puede ser de autoafirmación y el estado de relajación que conlleva puede ser beneficioso para un día productivo. Una técnica simple consiste en mirar por la ventana o en una pintura que disfruta y solo concentrarse en los colores. No pienses en las formas que toman, solo en el collage de colores que tienes enfrente mezclando con los sonidos de tu entorno. No trates de interpretarlo. Solo absorbe todo por un momento y deja que te distraiga de pensar. ¡Un poco de meditación es bueno para ti!

10. No beba demasiado tarde: a menos que sea fin de semana, trate de evitar tomar esas últimas bebidas por la noche cuando salga con amigos. Cambia al agua o al jugo y se hidrata. La deshidratación del día siguiente puede afectar realmente su efectividad y algunos estudios han demostrado que beber tarde puede disminuir la eficacia de su sueño. Manténgase fresco para el trabajo y el éxito tanto como sea posible, luego, si quiere romper su regla de beber tarde una sola noche para celebrar el aumento o la promoción que obtiene por un rendimiento asombrosamente bueno, eh, ¿quiénes somos para detenerlo?

11. Cocine comidas saludables en lotes: ¿no tiene mucho tiempo para preparar comidas saludables? ¡Tenemos un truco para eso! Mantener el motor de su cuerpo limpio con buenos alimentos cuando pueda es una necesidad. Trate de cocinar una gran cantidad de alimentos saludables el domingo y luego haga algunas combinaciones de combinaciones en Tupperware para poder congelarlas para su almuerzo en el trabajo la próxima semana. Los culturistas adoptan esta táctica a menudo con entrenamiento para que puedan ahorrar tiempo en sus ocupados horarios, ¿por qué no aprovechar esta información y obtener estos beneficios para usted también?

12. Viaje a la comedia: dicen que la risa es la mejor medicina y es verdad. También puede ser la mejor medicina preventiva. Descargue algunas rutinas de comedia de su comediante y comediantes favoritos para escucharlas en su viaje de la mañana. Alternativamente, hay una serie de podcasts divertidos que también puedes escuchar en tu camino al trabajo. Dese una dosis matinal de humor para modificar su mentalidad de buena moral, productividad y como medida preventiva de las posibles tensiones del día.

13. Goma de mascar sin azúcar para los antojos: cuando tenga ganas de comer alimentos o bebidas que podrían no estar de acuerdo con sus objetivos de salud actuales, intente masticar un poco de goma de mascar sin azúcar para ayudar a calmar los antojos. Al mismo tiempo que te hace estar alerta, esto te brinda otra cosa en la que centrarte hasta que puedas superar la tentación. Lo mejor de todo es que muy poco es más portátil que la goma. Prueba y ve por ti mismo!

14. Vitamina D para ti: la vitamina D tiene varios beneficios y, sorprendentemente, muchos adultos no la consumen lo suficiente. Por un lado, te ayuda a absorber el calcio para tener huesos fuertes. También puede actuar como un supresor del apetito para bajar de peso y ayuda a mantener a raya a la depresión, ya que es un estimulante natural del estado de ánimo. Asegúrese de tomar su vitamina D diariamente para ayudar a mantener su mente en una mentalidad positiva y productiva.

15. Coma su comida más lentamente: recuerde cuando engulliría algo que mamá preparó para la cena y ella o su padre le dirían: "Mastique su comida". En realidad, hay algo en eso. Comer despacio es una excelente manera de asegurarse de no comer en exceso. Por lo general, toma alrededor de 20 minutos para que su cerebro reciba la señal de que está lleno. Comer su comida un poco más lentamente puede ayudar a asegurar que no regrese de su hora de almuerzo con esa sensación desagradable e improductiva e hinchada. Considera comer más lentamente en tu próxima comida.

16. Oler naranjas - Los expertos en aromaterapia aconsejan que el olor a naranja promueve la felicidad. Si bien no podemos probar ni refutar esto, un truco mental que puede usar es oler la naranja y recordar la primera vez que recuerda haber tenido una naranja fresca durante un verano caluroso. Usa esta nostalgia para centrarte. Si lo haces lo suficiente, solo el olor de la naranja desencadenará esta respuesta, ¡así que hackea tu mente con algo tan simple como el aroma de una naranja deliciosa!

17. Incorpora especias: a veces no comemos de forma saludable porque tenemos la impresión de que los alimentos saludables simplemente no tienen buen sabor. El siguiente argumento es que nadie tiene tiempo para preparar todas las especias y todo lo necesario para cocinar. Prueba este truco, entonces. Consigue una bandeja de hielo y carga algunas de las combinaciones de hierbas favoritas en la bandeja. Luego agrega el aceite de oliva y congela tus combinaciones de hierbas. Esto lo hará para que solo puedas tirar un cubo cuando cocines. Algunas hierbas, como el romero, también están relacionadas con el enfoque, ¡así que sé creativo! Una alimentación saludable no tiene por qué ser desagradable o consumir mucho tiempo. Utiliza este truco para ayudarte a comer bien y sentirte bien.

18. No se quede quieto demasiado tiempo: estar sentado por largos períodos de tiempo es malo para usted. Podemos perder la noción del tiempo, perder el enfoque y, en general, quemarnos rápidamente sentándonos en el mismo lugar durante demasiado tiempo. Levántate en tu escritorio a veces. Estira un poco. Da un paseo hasta la fuente de agua. Mantenerse en movimiento en el horario habitual durante todo el día le ayudará a mantenerse con energía y a funcionar al máximo. No seas un cubículo de papas, muévete un poco de vez en cuando para que puedas rendir al máximo.

19. Aceite de lavanda en tu funda de almohada para un sueño más completo: otra recomendación de aromaterapia, una gota de lavanda dentro de tu funda de almohada puede proporcionar un aroma relajante para cuando estés listo para dejar atrás el mundo de la vigilia para un poco de sueño muy necesario. Si no te gusta la lavanda, prueba otros aromas que te atraigan más. Este pequeño truco es una gema definitiva, después de todo, el sueño es uno de los grandes placeres de la vida después de un largo día. ¿Qué hay de malo en hacerlo más agradable y refrescante? ¡Dulces sueños!

20. Coma antes de comer: ¿Preocupado por comer en exceso en la recepción de la boda de su mejor amigo? ¿No quieres comer en exceso en la fiesta de cumpleaños de tu hermana? Hay una solución práctica para ayudarte con la tentación. Antes de ir, solo come una porción generosa de verduras. Esto ayudará a saciar tu apetito antes de irte para que puedas comer esas cosas malas pero no tengas que preocuparte por exagerar. Un poco de planificación por adelantado va muy lejos, así que usa este truco para mantener una mentalidad saludable.

Ahora que lo hemos armado con una serie de trucos estratégicos para ayudarlo a mejorar su salud y bienestar en general, pasaremos al siguiente capítulo. En el Capítulo 3: Hacks mentales, te asesoraremos sobre una serie de hacks que puedes emplear para motivarte a ti mismo, navegar a través de situaciones sociales en las que podrías sentirte incómodo y, en general, obtener un mayor control al hackear tu mentalidad. Pasemos ahora al capítulo 3 y podrá ver de qué estamos hablando.

CAPÍTULO 3

Trucos Mentales

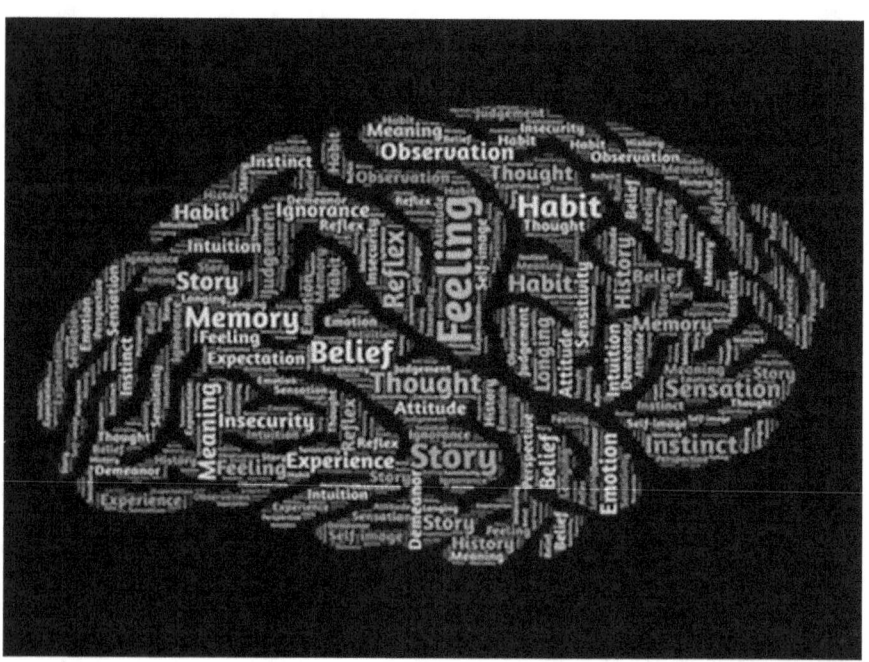

Mantenerse relajado y agudo es el nombre del juego. La mente es una herramienta poderosa, capaz de grandes hazañas de lógica e imaginación y las aplicaciones son casi infinitas. Todos hemos leído relatos de monjes budistas que pueden realizar hazañas como pasar semanas sin comer o incluso quemar papel con las manos. No prometemos nada a ese nivel, pero tenemos mucho que ofrecer aquí en lo que respecta a su bienestar, determinación, carisma y para modificar su perspectiva general para maximizar su potencial. Como un bono adicional, las técnicas aquí se pueden practicar de inmediato y no requerirán que pases toda la vida estudiando en un templo. Entonces, ¿por qué no aprovechar al máximo lo que tu mente puede hacer? Discutamos algunos elementos que son rápidos, fáciles y los más beneficiosos para usted y su forma de pensar.

1. Tome descansos regulares: cuando trabaje en proyectos en casa, no hay nada de malo en tomar descansos regulares siempre y cuando no se exceda. Trabaje una hora o dos y luego lea durante 10 a 15 minutos o disfrute de un refrigerio y un café. Por encima de todo, déjese disfrutar. No te apresures Tomar esta mentalidad puede permitirle convertir lo que podría ser un frustrante día laboral de 5 o 6 horas y convertirlo en un trabajo increíblemente productivo de 8 a 10 horas. Esto funciona para un proyecto grande y pequeño, pero especialmente para los grandes, ya que las pausas regulares lo alientan a pensar más en términos de productividad en lugar de recordarse que está trabajando.

2. Divida los problemas en grandes en pequeños y manejables. Esto es bueno para proyectos grandes. Tome una hoja de papel o abra el Bloc de notas en su PC de confianza y anote su objetivo. Luego, a continuación, en forma de esquema, divida este objetivo en objetivos más pequeños y manejables rápidamente. Use esto como una lista de verificación y de esa manera, en lugar de pensar que su objetivo es demasiado grande, puede verlo por lo que realmente es. Una serie de pasos manejables en la dirección del resultado deseado.

3. Eliminar el desorden (o volver a desordenar) su entorno de trabajo: a algunos de nosotros nos gustan los escritorios, pero en general, incluso entre ellos, nos encontramos trabajando de manera más eficiente en un entorno de trabajo organizado. Si realmente disfrutas con el desorden, ¿por qué no le das un 'recorte' para que el único desorden presente esté relacionado con el trabajo que tienes entre manos? De esta manera, la habitación aún se siente cómoda para ti, pero es una habitación funcional y desordenada. Lo que prefiera y lo que lo haga más productivo es lo mejor, pero le recomendamos que intente eliminar el desorden, incluso si es del tipo desordenado. Usted puede encontrar que te gusta.

4. Lea para aclarar su mente: si bien la televisión y Youtube son una gran distracción, si está trabajando en algo y realmente desea aislarse del mundo exterior para su descanso, considere tomar una taza de café y leer durante el tiempo que sea necesario. que lo bebas (no abuses de eso, sabes quién eres!). La lectura es especialmente inmersiva en su propia manera y, a diferencia de las formas de medios a las que podría tener acceso en su PC, leer un libro de un autor que le guste puede ayudarlo a brindarle la forma de aislamiento más propicia para que su mente se refresque y esté lista ir. Lo mejor de todo es que los libros son bastante portátiles (libros electrónicos aún más, no hay nada como tener una biblioteca completa en su bolsa). Considere esta opción para una limpieza mental óptima entre esos períodos de trabajo diligente, se alegrará de haberlo hecho.

5. Compite - Algunos de ustedes pueden no estar de acuerdo con esto pero dénos un momento. Como especie, siempre hemos sido bastante competitivos, y una competencia sana puede sacar lo mejor de nosotros. No estamos diciendo que todos los días en el trabajo deberías intentar encontrar a Joe o Jan en el siguiente cubículo en absolutamente todo; en lugar de eso, cuando trabajas con otros en tu misma línea de trabajo, un poco de mentalidad de "competencia secreta" puede darte una ventaja de que ser humilde no va a coincidir. Nuevamente, hacemos hincapié, no exagere, pero tampoco pase por alto las ventajas de ser competitivo en el lugar de trabajo. Ayuda a su orgullo y puede ayudar cuando sea el momento de solicitar ese aumento.

6. Metas cumplidas con el diario: si está muy orientado hacia los objetivos, puede obtener un buen impulso mental al mantener un diario para usted y documentar las fechas y los objetivos particulares alcanzados. Estos no tienen que ser monumentales. "Trabajé 3 veces esta semana" o "Bebí 5 sodas menos esta semana / 1500 calorías menos, ¡hurra!" Son un par de buenos ejemplos. El razonamiento detrás de esto es para que puedas abrirlo de vez en cuando y ver que estás logrando cosas todo el tiempo. Comience con metas pequeñas y no olvide enumerar algunas de las grandes que ha logrado antes de que el diario entrara en juego. Este ejercicio puede brindarle un elemento físico que puede guardar en casa o tirar en su bolsa para un impulso de moral instantáneo.

7. Dispositivos mnemónicos: hay varios ejemplos de estos disponibles en la web. Los dispositivos mnemotécnicos son trucos para ayudarte a recordar cosas importantes. Por ejemplo, un método es la rima. Quieres recordar el nombre de un compañero de trabajo. Se llama Joe. Piensa en alguna característica personal que tengan. "Su nombre es Joe y habla lento, su nombre lo sé, oh Joe Joe Joe". Suena tonto pero es bastante efectivo y solo es un ejemplo. Pruébelo o revise algunos otros en línea, son útiles Mindset Hacks que todos pueden usar y disfrutar.

8. Resista la postergación en momentos peligrosos: específicamente las fases de planificación y al completar un proyecto. Estos son particularmente vulnerables. Para los primeros, nos gusta pensar "Estoy haciendo una lluvia de ideas" porque no queremos sentarnos y hacer el esquema de inmediato. Esto lleva a problemas que quizás no se identifiquen porque la tarea se pospuso. En lo que respecta a la finalización del proyecto, hay que preocuparse por decirse a sí mismos 'eh, ya casi está listo, puedo salir esta noche' o, lo que es peor, 'puedo seguir adelante y asumir el próximo proyecto ahora'. con períodos de trabajo programados que no se desvían hasta que se completa el proyecto. ¡No sabotees tus posibilidades de ganar proyectos más grandes y mayores beneficios!

9. Recompénsese trimestralmente: no tiene nada de malo recompensarse. Incluso puede configurarlo para que funcione con su diario de objetivos abriendo una cuenta bancaria adicional y ahorrando un poco cada vez que alcance un objetivo particular. Resista el impulso de tocarlo (por lo tanto, la segunda cuenta) hasta el final del trimestre anual. Luego usa lo que has guardado para obtener algo que te guste. Quizás algunos artículos que coleccionas. Tal vez un proyector si eres un aficionado al cine. No tiene que ser elaborado ni costoso, pero no tenga miedo de derrochar lo que ha dejado de lado como recompensa por cumplir sus objetivos. Un pequeño incentivo puede conducir a un estilo de vida general más productivo y realmente elevar la moral.

10. Powernaps: las siestas de 15 a 30 minutos, o "Powernaps", como son las más conocidas, pueden ser una excelente manera de que sus niveles de energía vuelvan a ponerse en marcha cuando los sienta marcados. Muchas empresas lo han reconocido y, de hecho, tienen salas de siesta en el lugar. Si su lugar de trabajo no lo hace y si su gerente lo aprueba, basta con establecer un temporizador y poner su cabeza en su escritorio en la mayoría de los casos. Si bien suena como un truco, muchas personas conocidas en la historia han utilizado esta técnica con gran efecto, ¡incluyendo a Winston Churchill, Salvador Dali y Albert Einstein!

11. Agregue elementos personales a su cubículo de trabajo: se ha demostrado que personalizar su espacio de trabajo mejora la productividad. En general, se piensa que este aumento en el rendimiento se debe al hecho de que simbólicamente "hemos hecho de este espacio nuestro propio" o en casos de convivencia con un cónyuge o un ser querido, curiosamente, el cubículo de trabajo puede llegar a ser uno de los más importantes. Espacios personalizados que realmente tenemos. En cualquier caso, date un impulso mental personalizando tu espacio. No eres un número, sino un individuo poderoso. Aproveche este truco mental para que pueda mostrar a todos que este es el caso.

12. Corte de carisma: los estudios han demostrado que la mayoría de las personas aprecian una cierta cantidad de contacto visual en las reuniones iniciales y que esto puede tener un gran efecto en cuanto a si les gusta o no. Una manera rápida de asegurarse de que está "cubriendo sus apuestas" y de obtener la cantidad adecuada de contacto visual es tomarse un momento para determinar el color de ojos de alguien cuando se presenta. Esto es rápido y puede ayudarte a aprovechar este truco mental psicológico.

13. El Churchill - Todos conocen a Winston Churchill. Una de las cosas por las que fue famoso fue su ingenio de afeitar, pero lo que quizás no sepa es que la mayoría de sus respuestas fueron planeadas con anticipación. Verás, Winston sufrió un impedimento en el habla en su juventud que lo llevó a la costumbre de ensayar con mucho cuidado lo que diría. Este hábito continuaría más tarde en la vida cuando el impedimento del habla ya no fuera un problema. Si bien no puede predecir todo lo que tendrá que decir al día siguiente, si sabe que se avecina una reunión en particular y hay cosas que desea decir, ¡pruébalas! Si sabes que habrá argumentos particulares, ensaya tus refutaciones. Planear con anticipación puede asegurar que asistan a las reuniones y al lugar de trabajo en general con confianza, y los compañeros de trabajo elevarán sus estimaciones de su carácter. ¡Considere un poco la planificación previa y vea lo que puede hacer por usted!

14. Haga que las personas hablen de sí mismas: un truco de mentalidad social que puede usar es simple. Cuando te encuentres con gente nueva, haz que hablen de ellos mismos. Todos, hasta cierto punto, disfrutan hablar sobre ellos mismos, y esto a menudo los pondrá en una mentalidad para verlos favorablemente. Por lo menos, aprenderá más información sobre el individuo, así que, ¿qué puede perder? Prueba este truco mental psicológico por ti mismo si tienes problemas para socializar a veces. ¡Te alegrarás de haberlo hecho!

15. Aprendizaje de la consolidación : Este es bastante interesante. Un estudio en Harvard demostró que una gran cantidad de información podría ser absorbida por un período de estudio de 24 horas seguido de un sueño profundo. Aparentemente, la ciencia detrás de esto es que su cerebro adquiere información a través de 3 métodos: adquisición, consolidación y recuperación. Lo que nos interesa es la consolidación. Lo que sucede es que, durante el sueño, tu cerebro intenta procesar todos los datos que "repasó" durante el día. Al proporcionar nada más que información, el cerebro no tiene más remedio que procesar la mayor cantidad posible de este lote. Si bien esto no es algo que uno pueda hacer muchas veces durante la semana, es un truco mental con un potencial serio.

16. El efecto Ben Franklin: hay una famosa historia sobre cómo Ben Franklin convirtió la ira de un legislador de Pensilvania en una amistad que duró el resto de los días del legislador. ¿Cómo lo hizo? Esta es la parte interesante. Le pidió un favor. Franklin había aprendido que el legislador tenía un libro particularmente raro en su biblioteca, por lo que escribió una carta preguntándole al hombre si podía pedir prestado este libro por unos días. Franklin devolvió el libro con una carta agradeciéndole abundantemente por el préstamo de este libro y sucedió algo gracioso. La próxima vez que los hombres se encontraron, la ira se fue y él habló con Franklin por primera vez. La teoría detrás de esto es que cuando alguien nos hace un favor, entonces una parte de su cerebro los convence de "hey, yo hice un favor para esta persona, debo agradarme". Realice una búsqueda de Google sobre este fenómeno y vea qué piensa. . ¡Esto también podría ser un truco mental útil para ti!

17. Impulso de chicle: ¿necesita una rápida recuperación cuando está a punto de tomar una prueba y necesita recordar algo? Pruebe un poco de chicle. Un estudio en el que participaron 224 estudiantes universitarios de la Universidad de St. Lawrence encontró que los estudiantes que masticaban chicle mientras tomaban sus exámenes produjeron puntajes significativamente más altos que los que no lo hicieron. Tenga algo a mano en su bolsillo, ¡nunca se sabe cuándo este truco mental podría ser útil!

18. Entrevista de trabajo con un viejo amigo: ¿no odias ir a las entrevistas de trabajo? Pueden ser bastante intimidantes, con extraños que nos hacen preguntas personales y de truco que a veces requieren pensar fuera de la caja para responder adecuadamente. Un truco que puede usar para ayudar a aliviar el estrés de esta experiencia es fingir que el entrevistador o los entrevistadores son viejos amigos que no ha visto en muchos años. Póngase en esta mentalidad y encontrará que puede responder a sus preguntas con una confianza más informal y, quién sabe, tal vez obtenga ese nuevo trabajo. ¡Prueba este en tu próxima entrevista y deja que esta mente funcione para ti!

19. Tome el control con elecciones selectivas: cuando parece que no tiene elección en una situación, a menudo lo contrario es cierto. Hay opciones pero no son necesariamente buenas. Si bien es desagradable, debes darte cuenta de que este va a ser el caso a veces. Lo que te empodera es cómo lidiar con eso. Elimine la emoción de la situación y elimine la sensación de impotencia desglosando sus opciones y simplemente preguntándose "¿Elegiré las opciones a, b, o c?". Enseñar a sí mismo a reaccionar con calma y sopesar sus opciones disponibles de todos modos, incluso cuando existe. No son más que malas decisiones, son un truco mental muy, muy útil. Si te ayuda, imagina que eres una máquina que toma la decisión o el Sr. Spock de la antigua serie de televisión Star Trek. Saca la emoción y dale un poco de lógica.

20. El estrés refleja el coraje: hemos guardado uno de los mejores para el final. ¿Sabía que las reacciones que siente su cuerpo al estrés, como el aumento de los latidos del corazón, el cambio en los patrones de respiración, el aumento de la adrenalina... son las mismas respuestas que su cuerpo tiene durante los actos de valentía? Cuando comience a sentir estos sentimientos, concéntrese en ver el estrés como un desafío, en lugar de una amenaza. Esto se denomina "Replanteamiento cognitivo" y puede ser muy útil si lo practicas. La próxima vez que te encuentres bajo un fuerte estrés entonces dale un giro. Hackea tu forma de pensar diciéndote a ti mismo que esto es un desafío y que tu cuerpo te está preparando para atravesarlo. Este hack es definitivamente vale la pena mantener.

Tómese un tiempo para practicar los hacks que acabamos de proporcionar y estamos seguros de que verá los resultados rápidamente, si no de inmediato. Ofrezca a los más complicados una o dos semanas para evaluar sus resultados y, si realmente desea adoptar un enfoque científico, cree una revista en la que anote qué técnicas está utilizando y documente los resultados día a día. ¡Apreciarás los resultados de tu arduo trabajo! Procederemos al lado de un capítulo que también es bastante útil. En el Capítulo 4: Hacks para el logro de objetivos, analizaremos las formas en que puede hackear su mentalidad para desahogarse y alcanzar sus objetivos, así como varias formas de mantenerse productivo y en marcha. Si estás listo, ¡vayamos juntos y veamos qué puedes hacer con esos objetivos tuyos!

CAPÍTULO 4

Trucos y Consejos
para lograr sus Objetivos

Establecer metas es fácil. Establecemos uno cada año para el Año Nuevo y simplemente lo llamamos una resolución.

Desafortunadamente, estos son más a menudo olvidados o pospuestos de lo que se guardan. Entonces, ¿cómo te mantienes enfocado, con los ojos en el premio? Hemos incluido en este capítulo una serie de consejos que pueden ayudarlo a seguir mirando hacia el futuro mientras trabaja activamente para hacerlo realidad. Practíquelas y pronto descubrirá que ha desarrollado la resolución que forma la raíz de la palabra "resolución" en todas las promesas de Año Nuevo. ¡Pruébalos y verás!

1. Lista de gestión de las demoras: hazte una lista de las cosas que puedes hacer que estén relacionadas con su logro. Esto es para que cada vez que tenga ganas de postergar, pueda recuperar su lista, elegir un elemento y ocuparse. Pasos como esbozar lo que necesitará para la siguiente etapa u obtener materiales que se necesitan para las etapas actuales o futuras de su proyecto: sea creativo. Si no tiene ideas de inmediato para tratar problemas potenciales, anote los problemas en un cuaderno y luego llévelo con usted para intercambiar ideas durante su viaje al trabajo o en cafeterías en el futuro. Te sorprenderás de lo que puedas hacer. ¡Manténgase ocupado en todo momento para garantizar que cada minuto invertido se sume al logro de sus metas!

2. Dedique más tiempo a planificar sus pasos: invierta tiempo en una planificación más detallada. Tome su objetivo y divídalo en pasos más pequeños para que pueda lograrlos, uno por uno, hasta que llegue a un punto en el que los pasos colectivos y el trabajo equivalen al logro de su objetivo. Convertir un objetivo en trozos pequeños es una excelente estrategia de Mind Hacking que te ayudará a tener éxito mucho más fácilmente que concentrarte siempre en un objetivo enorme y desalentador.

3. Modifique su 'Tiempo de prueba': ¿alguna vez comenzó a trabajar para alcanzar uno de sus objetivos y simplemente se dio por vencido? Todos nosotros, de hecho, tenemos. Sorprendentemente, esto es algo que puedes usar. ¿Cuánto tiempo toma generalmente antes de dejar de fumar? ¿5 minutos? ¿Una hora? ¿Una semana? Hazte la promesa de duplicar el tiempo que tomas antes de permitirte renunciar. Esto asegurará que haga más cosas y que adquiera el hábito de potenciar el trabajo necesario para alcanzar sus metas. Es una promesa de la que no te arrepentirás.

4. Comience de a poco / mantenga metas realistas: establecer sus metas iniciales demasiado altas puede ser una receta para el desastre. Además, como mencionamos anteriormente, los objetivos grandes son simplemente conjuntos de objetivos pequeños y manejables que trabajan en conjunto para lograr los resultados finales que desea. Establece algunas metas pequeñas para apuntar, como 'Voy a hacer ejercicio 3 veces a la semana durante 1 mes' o 'No veré Facebook en mi teléfono durante una semana en el trabajo'. Una vez que adquiera el hábito de Eliminando estos objetivos más pequeños, verás que los más grandes serán mucho más manejables.

5. Cree una línea de tiempo y sígala. Entonces, ha delineado los pasos de su meta y desea asegurarse de que no está perdiendo el tiempo. ¿Por qué no crear una línea de tiempo para dichos pasos? Es fácil crear un esquema y luego guardarlo en el escritorio e ignorarlo para siempre, evite hacerlo haciendo el paso adicional de crear la línea de tiempo en la que desea hacerlo. Ejemplo:

Construyendo un cobertizo de jardín

Jueves - compile una lista de materiales y herramientas necesarias

Viernes - Vaya a la ferretería para obtener dichas herramientas y materiales.

Sábado: limpie el área donde se construirá el cobertizo y construya el marco

Domingo - ¡termina de construir el cobertizo en caso de que llueva!

Este es un ejemplo primitivo pero entiendes la idea. Haz una línea de tiempo y síguela. Este es un hábito que la mayoría, si no todos los hombres y mujeres exitosos, han aprendido por sí mismos. ¡Es hora de usarlo para tu propio éxito!

6. Calendario / recordatorio visual: consiga un calendario grande y un marcador. El rojo es un buen color, ya que sobresale un poco. Querrá asegurarse de que este calendario tenga cuadrados para cada día lo suficientemente grandes como para que los escriba. A continuación, querrá colgarlo en algún lugar donde tenga que verlo todos los días. A medida que avance en los pasos hacia sus metas, querrá acostumbrarse a escribir en la casilla de ese día una sinopsis de lo que ha hecho. Esto le brinda un recordatorio visual de su progreso que no solo es excelente para la moral sino que también puede servir como un recordatorio cuando está perdiendo el tiempo y necesita estar ocupado.

7. Date cuenta de que nadie logrará estos objetivos por ti: estos objetivos son tuyos y, como tal, no puedes confiar en que nadie los logrará, excepto tú. Nadie lo va a hacer por usted y cuanto antes acepte esa mentalidad, antes podrá comenzar a ocuparse. No dejes las cosas o nunca se harán. Sus metas son sus metas y es su impulso el que las convertirá en realidades. Confíe en usted mismo, sabe cuánto desea el premio y es la única persona en la que puede confiar de verdad.

8. Permita que sus objetivos evolucionen: tenga en cuenta que los objetivos que valen la pena a menudo pueden mutar a medida que comienza a realizar los pasos en su camino para alcanzarlos. Rodar con los punzones, esto es completamente normal. Con la planificación adecuada en su lugar, puede modificar o agregar a los pasos según sea necesario. Solo asegúrese de darse cuenta si los cambios son necesarios o beneficiosos en lugar de una distracción diseñada para ayudarlo a postergar. Deje que sus metas evolucionen y simplemente planifique en consecuencia y tendrá una receta para el éxito.

9. Ignore las respuestas negativas: varias personas intentarán iluminar sus planes y objetivos de manera negativa. Trate de no asociarse con estas personas. Si la asociación es inevitable, entonces querrá tomar esta crítica con un grano de sal. En general, las personas que lo critican han tenido su propia mala experiencia con el logro de los objetivos y es probable que proyecten sus propios fracasos en usted. No permita que esto afecte su productividad. Persigue tus metas hasta el final.

10. Considera que todo es una oportunidad: incluso los contratiempos pueden tener su valor. Esta es una experiencia de aprendizaje. Aprende de tus errores y aprende a verlos como oportunidades para el crecimiento. El próximo objetivo que te propongas lograr será el beneficio de tu nueva experiencia, que puede ayudarte a evitar este tipo de dificultades en el futuro. Uno de los mejores Hacks de mentalidad que puedes darte es este. Cada dificultad es una experiencia de aprendizaje, así que admítelo y siga adelante.

11. Celebre los puntos de control de las reuniones: cuando llegue a un punto de control en una de sus metas, debe permitirse una pequeña celebración. Ordene una pizza y vea una película que le gustaría ver o algunos de sus programas de televisión favoritos. Tener una noche con amigos. ¡Acuérdate de darte un capricho mientras te mueves lentamente a través de tu esquema de objetivos y te acercas al premio REAL!

12. Cambie su entorno entre tareas: una vez que haya completado una tarea en particular, una cosa que puede hacer para obtener un aumento de productividad adicional a medida que logra sus objetivos es simplemente cambiar su entorno. Múdate a una habitación diferente. Vaya a hacer algún trabajo en la cafetería si es un trabajo de computadora lo que debe hacerse. Un cambio de escenario puede refrescar su cerebro para que pueda abordar un problema con un poco más de gusto de lo que podría poner en él de lo contrario.

13. Detente y acicálate - La apariencia afecta el rendimiento. Para trabajar de la mejor manera posible, tómese un momento para asegurarse de que se vea lo mejor posible. Detente y acicala un poco. Dúchate, aféitate si es necesario. Vestido fuerte. Entra en la mentalidad para el éxito. Esto puede tener un efecto notable en su rendimiento y ayudar a garantizar que esté desempeñándose a su máxima capacidad cuando persiga sus objetivos. Así que tómate un momento para ti mismo!

14. Contemplación diaria 'Hecho': a medida que avanzas por los pasos para alcanzar tus metas, lograrás muchas cosas. Una parte importante para ayudar a asegurar que esto permanezca, el caso es tener una contemplación diaria en la que dedique unos minutos a pensar en lo que ya ha logrado al visualizar la línea de meta. Hackee su mentalidad para tener éxito con un poco de refuerzo positivo y encontrará que es más fácil avanzar a los siguientes pasos a medida que termina y es hora de establecer nuevos objetivos.

15. Logre al menos 1 cosa por día: asegúrese de que está logrando al menos uno de los pasos de su meta diariamente. Si ha planeado en consecuencia, esto debería ser una solicitud razonable. Ya tiene los pasos, así que comience a hacerlos y marque. Incluso si 1 al día es todo lo que puede hacer, siempre y cuando esté logrando sus pasos, eso significa que eventualmente completará todas las tareas. Lentamente, rápidamente, no importa nada más que lograr tu objetivo. Recuerda esto y practícalo, y encontrarás que esta mentalidad puede ser muy útil.

16. No descuide su tiempo personal: las metas son cosas maravillosas, pero debe asegurarse de que no lo consuman. Es muy fácil concentrarse tanto que descuidamos nuestras responsabilidades sociales y placeres personales. Amistades, familia, pasatiempos, tiempo con sus seres queridos ... No deje que eso le suceda a usted. Asegúrate de definir tus pasos y tu cronograma para alcanzar tus metas en los que dedicas tiempo para que tu vida siga siendo satisfactoria. Esto le ayudará a largo plazo a lograr su objetivo y a tener personas con quienes compartirlo cuando lo haga, así que no se descuide en el proceso.

17. Cartas de usted: un método divertido para ayudarlo a mantenerse en el camino es escribirse unas cuantas cartas exigiendo informes de progreso, como si no fuera usted mismo, sino un jefe ficticio. Pregúntese por un informe de progreso que detalle lo que se ha hecho y los pasos que se anticiparán a continuación. Escríbalos por adelantado, póntelos y pídales a un amigo que los envíe por correo en fechas específicas. Cuando los reciba, tómese el tiempo para leerlos y contemplar dónde se encuentra en relación con sus objetivos. Es un divertido Mindset Hack para ayudarte a mantenerte en el buen camino.

18. Reunión semanal para la cena: ofrezca a un amigo una comida gratis a cambio de discutir el progreso de su objetivo durante la cena. Esto le ayuda a que pueda intercambiar ideas de su amigo y motivarlo, ya que informará su progreso semanalmente a alguien, como si fuera un proyecto de trabajo en lugar de un objetivo en casa. A veces, perseguir nuestras metas puede ser un proceso solitario y simplemente se siente bien compartirlas mientras trabajamos a través de los pasos hacia el éxito, así que considera esto como una posibilidad para socializar como un medio para hackear tu mentalidad.

19. Considere el asesoramiento profesional: tal vez necesite ayuda para presupuestar su meta. Ten en cuenta que no tienes que hacer todo tú mismo. Imagínate a ti mismo como un rey o una reina. Los reyes y reinas tradicionalmente tienen asesores. ¿Por qué no deberías? Si hay un aspecto del logro de su meta sobre el cual no está seguro, considere contratar a un profesional para que lo asesore. ¡No permita que la ignorancia se interponga en lo que, de otro modo, es un plan perfectamente bueno!

20. Ser responsable: querrá asegurarse de que si no está siguiendo su plan, es responsable de alguna forma o forma. Esto se puede hacer de varias maneras. Si usted y un amigo están trabajando en los mismos o similares objetivos, puede hacer un trato, más bien como una apuesta, donde cada uno paga al otro cuando se pierde un plazo. Alternativamente, puede considerar a un profesional, como un Life Coach, a quien le puede dar una copia de su línea de tiempo para que lo acose y moleste y verifique ... todo para asegurarse de que está persiguiendo sus objetivos. Tal vez se penalice a usted mismo de una manera positiva, aceptando poner una cierta cantidad de su cheque de pago en ahorros cada vez que no cumpla con una fecha límite. El resultado final es lo que es importante, por lo que desea asegurarse de que es responsable.

Esos objetivos no parecen tan insuperables ahora, ¿verdad? Apostaremos a que está listo para comenzar a delinear el suyo propio. Sin embargo, mantenga a sus caballos por un momento, ya que el siguiente capítulo lo ayudará a consolidar sus ambiciones de logro de metas. En el Capítulo 5: Priorización de trucos y consejos, tenemos una serie de trucos y consejos que pueden ayudarlo a determinar qué pasos de su esquema de objetivos serán los más importantes, así como también cómo establecer y consolidar sus plazos para que pueda alcanzar sus objetivos. Objetivos de manera oportuna. Si estás listo (¡y sabemos que lo estás!), Entonces, ¡vamos al Capítulo 5!

CAPÍTULO 5

Trucos y Consejos sobre la Priorización

Saber cómo priorizar sus tareas es una habilidad esencial tanto en el lugar de trabajo como en el hogar, sin embargo, muy pocos saben cómo proceder. Como resultado, muy poco se termina haciendo, y puede producirse frustración o algo peor. Te alegrará saber que tenemos un hack para eso. 20, de hecho.

Asegúrese de leer todo esto para ver cuáles se aplican mejor para usted. Algunos son esenciales y otros solo te ayudarán a mantenerte en el buen camino. Combinadas con las habilidades del último capítulo, estas pueden empoderarte para aplastar tus objetivos y obtener resultados. ¿Emocionado? Nos alegra oírlo. Así que aquí vamos, ¡aquí está su lista de trucos y consejos de priorización!

1. Cree una lista de sus tareas: si va a priorizar sus tareas, primero tendrá que hacer una lista. Comience simplemente creando una lista numerada que podemos modificar más adelante. Trate de hacerlo lo más conciso posible y deje algo de espacio en los que requieran pasos adicionales.

2. Sepa qué eliminar: si está intentando alinearse con un objetivo particular, querrá echar un vistazo a su lista y determinar qué elementos no son necesariamente necesarios. Es fácil desviarse de las intenciones originales al crear y delinear objetivos o las tareas asociadas con ellos. Si ve un elemento en su lista que no se alinea, córtelo. Siempre puede concentrarse en lo extraño cuando haya encontrado el tiempo para completar el objetivo original.

3. Si está en exceso, pregúntele a su jefe '¿si puede esperar?' - Muchas personas temen decirle a su jefe que la carga de trabajo es simplemente imposible. Si te preparas, entonces esto no debería ser una preocupación. Diríjase a su gerente y adviértale que tiene dos tareas grandes y prioritarias que requieren mucho tiempo y que no pueden realizarse de manera cualitativa en el tiempo proporcionado. Luego pregunte: "De estos dos clientes / tareas, ¿cuál tendrá que esperar?". Otra forma de preguntar es decir: "Esta tarea tiene un marco de tiempo proyectado de x días y esta otra tarea de x días". No puedo hacer las dos cosas a la vez, así que, ¿qué tarea quiere que termine primero? "A pesar de la creencia popular, su Gerente generalmente estará muy agradecido si les informa que las estimaciones de la línea de tiempo pueden ser incorrectas y podrían causar demoras importantes. Tareas. Esto les da la opción de delegar una de las tareas y les ayuda a evitar problemas de su propio jefe. Esta es una táctica empleada por verdaderos profesionales cuando saben sin lugar a dudas que una tarea prioritaria podría retrasarse, por lo que no tenga miedo de preguntar a su jefe "¿Qué tarea tendrá que esperar?"

4. Conozca la diferencia entre lo inmediato y lo importante: una tarea puede ser importante y, sin embargo, no ser necesaria de inmediato. Usted querrá aprender a reconocer la diferencia entre algo que es meramente importante y algo que debe hacerse DE INMEDIATO. Puede parecer bastante abrumador si todas las tareas son de gran importancia, pero aprender esta distinción te ayudará a resolver este enigma rápidamente. Intente hacer una lista con las tareas "importantes" en un lado y las tareas "inmediatas" en el otro para obtener el hábito de identificarlas rápidamente.

6. Identifíquese en la lista "inmediata" que es más importante: ahora que tiene una lista "inmediata", debe clasificarlas por importancia y fecha límite. Esto te ayudará a priorizar más para la siguiente lista.

7. Cree su lista, divídala en tareas diarias, semanales y mensuales: cree una lista maestra comenzando con su lista "inmediata" priorizada. Primero cree una línea de tiempo para los elementos inmediatos e importantes y luego puede programar el resto de sus tareas de acuerdo con ello. La planificación anticipada de esta manera puede permitirle utilizar herramientas como Outlook y otros programadores para configurar recordatorios para usted mismo si así lo desea.

8. Tenga en cuenta el tiempo que dedica a la hora de decidir qué tareas 'inmediatas' debe realizar: no olvide tener en cuenta el tiempo involucrado en sus tareas inmediatas. Esto le ayudará a obtener una visión realista de lo que realmente puede lograr en un período de tiempo determinado. Es posible que algunas tareas no encajen en el tiempo que tiene disponible, pero no se desanime. Esta es la función principal de la priorización, asegurándose de que las tareas más importantes se realicen de manera oportuna y eficiente.

9. Revise su carga de trabajo con regularidad: su carga de trabajo puede cambiar y los objetivos a veces deben modificarse cuando ocurren contratiempos o cambios en la dirección. Asegúrese de revisar su carga de trabajo diariamente y esté preparado si necesita hacer algunas modificaciones a su planificación. Esto es especialmente importante cuando se trata de artículos de nuestra lista "inmediata". Ya que tiene esos elementos pre-ordenados y en línea de tiempo, estará preparado para reorganizar según sea necesario con poco o ningún estrés. Recuerda, la planificación es tu amiga.

10. Prepárese para los "incendios": prepárese para las contingencias. Tal vez usted se enferme o necesite tomarse un tiempo lejos de su tarea. Planifique por adelantado el tiempo libre que puede desviarse del tiempo libre para ponerse al día con las tareas en cuestión. Esto le da cierta libertad de acción en caso de que ocurra algo inesperado y puede ayudar a aliviar su mente en caso de surgir un contratiempo. Si bien no puede predecir el futuro, puede predecir algunas posibilidades, vale la pena prepararse para todos los problemas que pueda. Trabajar ahora significa menos estrés después.

11. Crear un calendario de fechas límite: crear un calendario donde las fechas límite estén marcadas de manera visible es una buena manera de mantenerse en una mentalidad de producción y de asegurar que se realicen las tareas prioritarias. Si bien hay una serie de aplicaciones que pueden enviarnos recordatorios o activar alarmas en nuestros bolsillos, el calendario antiguo con su presencia en la cara sigue siendo un truco mental extremadamente útil para ayudarlo a mantenerse en el buen camino. Lo mejor de todo, son baratos. Entonces, consígase un calendario y marque sus fechas límite en las tareas prioritarias. Codifíquelos por color y bam, tiene un recordatorio visual para ayudarlo a evitar que se atrase. Es un simple truco mental que ha resistido la prueba del tiempo.

12. Deje que la importancia gane a veces sobre la urgencia: ocasionalmente, durante un proyecto, encontrará la oportunidad de realizar rápidamente una tarea que es importante, aunque no una de las más urgentes. Si se puede hacer sin afectar la fecha límite para la tarea urgente, entonces siga adelante y siéntase libre de hacerlo. Con la priorización nos preocupa asegurarnos de que lo urgente sea lo primero, pero hay excepciones. Por ejemplo, uno de tus amigos visita desde fuera de la ciudad y resulta ser un contador. Ella se ofrece para ayudarlo con una parte presupuestaria de un proyecto y esto probablemente le ahorrará días de trabajo, pero actualmente está trabajando en una reestructuración urgente de una oferta. Si aún puede cumplir con su fecha límite, entonces, por todos los medios, debe aprovechar la oportunidad de realizar la tarea importante en menos tiempo. Siempre y cuando mantenga una mentalidad productiva y cumpla con sus plazos, está bien desviarse un poco del plan, ¡pero solo cuando sea extremadamente ventajoso!

13. Use los hitos para ver la imagen más grande: a menudo las tareas que realizamos para nosotros mismos o para los clientes se dividen no solo en sus subtareas sino también en "hitos", que llevan el nombre de los marcadores que los romanos usaban para medir sus caminos. Un hito es esencialmente una fase de proyecto y es una herramienta útil para determinar el progreso general sin tener que microgestionar. Cuando priorice sus tareas y las agrupe, asegúrese de designarlas en hitos para que su proyecto sea priorizado y en fases. Esto le ayudará a ver o informar la imagen más grande con facilidad.

14. Pagos vs hitos vs urgencias: a veces, cuando estamos realizando una tarea para un cliente, tenemos una tarea urgente, pero también tenemos una única tarea rápida que es la última requerida para un hito (y, por lo tanto, un pago para tu negocio). Realizar la tarea rápida. Nada aumenta la moral y la productividad como recibir el pago. Sí, la tarea urgente debe tener prioridad en los casos normales, pero si la tarea urgente es complicada, aún debe realizar la tarea clave y compensar con un poco de tiempo libre adicional destinado a la tarea urgente. Manténgase motivado, siga siendo rentable y modifique su mentalidad para lograr un mayor éxito.

15. Comprenda las consecuencias de la violación de la prioridad: una vez que haya establecido una jerarquía o sus elementos prioritarios, debe asegurarse de que no se rompa. Varios recordatorios, como los recomendados en este capítulo, ayudarán a evitar que esto suceda, pero esto no es suficiente. Para comprender la relación entre los proyectos y los pasos priorizados, pregúntese "¿qué sucede con mi línea de tiempo si este paso lleva más tiempo de lo anticipado?" Esto le brinda la oportunidad de planificar contingencias y ayuda a ubicarlo mejor en la mentalidad necesaria para cumplir sus plazos Te lo debes a ti mismo y a tus clientes, así que asegúrate de que una vez que hayas redactado tus prioridades, debes seguir planificando lo inesperado.

16. Administre la interferencia del cliente: nunca falla que, una vez que se haya tomado la molestia de priorizar los pasos en un proyecto en particular, alguien va a presionar para que se realice primero un elemento con menos prioridad real. Tienes que resistir esto siempre que sea posible. Si el elemento priorizado por encima de esta solicitud es parte de un proyecto para el mismo cliente, puede considerar hacerlo primero, pero es mejor si en cambio explica su prioridad para que tengan una mejor comprensión del plan general. Recuerde, ellos están empleando su conjunto de habilidades porque usted es un profesional, así que si bien puede hacerlo a su manera, insista, asegúrese de avisar que esto puede resultar en una mayor facturación del proyecto y dar una explicación detallada del motivo. Después de esto, si todavía quieren microgestionar, hey, ¿por qué no? Ellos están pagando por ello. ¡La correcta gestión de clientes lo ayudará a sentirse como el profesional que es y le asegurará una mentalidad adecuada a medida que avanza para realizar ese trabajo!

17. Siempre solicite más tiempo del que necesita: un pequeño truco para garantizar que se cumplan sus plazos de prioridad es solicitar siempre más tiempo del que necesita. No es una gran cantidad, por supuesto, o podría perder una oferta o una asignación de trabajo en particular, pero solo una pequeña cantidad para darle un poco de margen de maniobra. De esta manera, si surge algo, estás preparado y, si no, te verás genial para terminar pronto. Recuerde, siempre solicite más tiempo del que necesita. Este es uno de esos trucos que pueden hacer que ambos se vean bien y se sientan bien, así que considere usar esto siempre que pueda.

18. Priorice como un equipo: si va a trabajar con otros en un proyecto, considere la priorización como un equipo. Para obtener los mejores resultados, pídale a cada persona que cree su propia lista de prioridades durante la semana para una reunión el viernes. Una vez que llega el viernes, cada persona puede revisar su lista y el equipo puede decidir cuál es la mejor prioridad para los pasos involucrados. Esto puede ser beneficioso porque todo el equipo estará en la misma página, sentirán que sus voces han sido escuchadas; y porque tomará las decisiones de priorización de manera informada porque sabrá todas las habilidades que se ponen en la mesa. Es posible que no sepa de antemano que algunos miembros del equipo tienen experiencia especializada que puede ser útil en ciertas fases del proyecto y el uso de este método puede remediar eso y ayudarlo a optimizar el trabajo. Usa este truco siempre que puedas. Es una forma segura de un proyecto exitoso.

19. No tenga miedo de preguntar a un Mentor: no tenga miedo de preguntar a un Mentor si no está seguro de la prioridad de algunos elementos. Una de las características de un profesional es que, si no lo saben, prefieren tragarse el orgullo y preguntar, que hacer un mal trabajo. Nadie puede saberlo todo, así que no tenga miedo de preguntarle a un mentor cuando lo necesite. Te respetarán más y no necesitarás preguntar la próxima vez, por lo que es un ganar-ganar. Te han ayudado durante todo este tiempo, considera la posibilidad de que tengan más que ofrecer. El objetivo es una priorización exitosa de las tareas de su proyecto y, en última instancia, un proyecto exitoso, ¡así que mantenga sus ojos en el premio y haga lo que sea necesario para GANAR!

20. Estándar de priorización para todo el trabajo: cree un estándar de priorización a medida que se desarrollen sus habilidades de priorización. Usted sabe qué tipo de tareas estarán típicamente involucradas en sus proyectos, por lo que crear una plantilla a medida que avanza es simplemente sensato. Solo asegúrese de revisarlo constantemente para que pueda mantener las cosas al día y tendrá una herramienta útil que puede ayudar a facilitar el proceso cada año. Sus plantillas también se pueden usar como herramientas de capacitación para otros cuando asciende en la organización (¡y la creación de materiales de capacitación también pueden ayudarlo a hacer exactamente eso!), Así que considere construirlas sobre la marcha para su conveniencia y su éxito. ¡Las plantillas son un excelente truco para tu carrera y para una buena mentalidad de productividad!

¡Menos mal, esa fue toda una lista! Tenga en cuenta que esta es una gran cantidad de información para procesar, así que asegúrese de tomar una respiración y tómese un poco de tiempo para digerir y dejar que penetre. Tómese una taza de café con un bloc de notas y haga una lluvia de ideas sobre algunas ideas de objetivos y en bruto Haga un esquema de las partes si lo desea, pero nada demasiado serio, a menos que no pueda evitarlo.

En nuestro próximo capítulo tenemos información aún más útil. Dicen que una meta sin plan y productividad es en realidad solo "un sueño", pero no tengas miedo, ¡lo tenemos cubierto! El Capítulo 6: trucos para ser mas productivo contiene 20 consejos y trucos que pueden ayudarlo a asegurarse de que una vez que haya definido su meta y haya priorizado las tareas, establezca sus fechas límite y listo para usar, tenga los medios para modificar su mentalidad. Sobremarcha productividad! Entonces, después de esa sesión de café y lluvia de ideas, ¿por qué no echar un vistazo al próximo capítulo y le mostraremos cómo puede empoderarse con un poco de productividad Mindset Hacking!

CAPÍTULO 6

Trucos para Ser mas Productivo

Aveces la carga de trabajo parece abrumadora. Tienes mucho que hacer y nunca hay suficiente tiempo para hacerlo. ¿No sería agradable si hubiera algunos hacks de productividad que pudiera emplear para aprovechar al máximo su día? -ahem- Está bien, eso fue un poco de auto-promoción descarada. ¡Por supuesto que hay trucos de productividad! Hay una serie de cosas que puede hacer y hemos compilado una lista de 20 prácticas pro productividad que puede comenzar a usar de inmediato para su ventaja. Asegúrese de leer todo esto para ver qué le puede ayudar más. Use uno, úselos a todos, solo encuentre ese punto ideal para su propia productividad y haga de esas metas una cosa del pasado. Ahora que hemos despertado su interés, veamos qué tenemos para usted. Sus Hacks de mentalidad de productividad son los siguientes:

1. Programe tiempo libre: si bien no es lo más divertido, programar su tiempo libre puede ayudarlo a evitar que juegue cuando necesita trabajar. Es fácil tomar impulso por un poco de entretenimiento, y programarlo con anticipación le brinda una recompensa que puede esperar en otro momento cuando no esté ocupado. ¡Pruébelo y vea cómo este pequeño truco puede mejorar su productividad en casa o en el trabajo!

2. Use esos 5 minutos: ¿nota otra tarea que debe hacerse y solo tomará 5 minutos? No te lo quites entonces. HAZLO. Practica esto a diario y verás un notable aumento en tu productividad. Dejar las pequeñas tareas para el mañana es un hábito que sigue y sigue y usted se pone en peligro de tener que encajarlas todas en el último día. ¡No dejes que esto suceda! ¡Use todo el tiempo a su disposición para eliminar todas las tareas que pueda y será recompensado en el tiempo y el éxito en el futuro!

3. Describa los siguientes pasos al final del día: una vez que haya completado sus tareas del día, un buen hábito para comenzar es delinear su próximo día. Decida qué va a hacer y qué horas del día está asignando para estas tareas. Es útil tener esto por la mañana y si se apega a su esquema, tiene una salida garantizada preparada previamente, así como documentación de los pasos que ha tomado hacia su meta. Tómese el tiempo para delinear. La estructura garantizará que no tenga que perder tiempo compilando los siguientes pasos porque ya los tendrá TODOS.

4. Reconocer objetivos compuestos frente a objetivos individuales: un objetivo se ve mejor como un compuesto de muchos mini objetivos que deben cumplirse para lograr el resultado final. Tenga esto en cuenta mientras trabaja para alcanzar su objetivo. Verlo como una cosa enorme y singular puede intimidarte y llevar a una baja productividad. ¡Esto te ayudará a mantenerte enfocado y en tu mejor nivel!

5. Pregúntese qué PUEDE hacer: no adquiera el hábito de decirse a sí mismo "No puedo hacer eso", siempre concéntrese en lo que PUEDE hacer para lograr una tarea en particular. La mayor parte del tiempo, nos obstaculizamos al pasar el tiempo meditando sobre algo que parece difícil o absolutamente imposible. Sal de ese hábito y enfócate en lo positivo.

6. Silencie su teléfono: esta es una sugerencia impopular pero es una joya. No va a hacer mucho si pasa todo el tiempo revisando su correo electrónico o Facebook cada 5 a 10 minutos. Entonces, ponga su teléfono en silencio o mejor aún, apáguelo completamente. El mundo seguirá allí una vez que hayas terminado el trabajo que debes hacer. Dale un descanso al teléfono y te sorprenderás de cuánto más puedes lograr. Ah, y sólo para evitarte la tentación...

7. Cargarlo en otra habitación: ponga su teléfono en otra habitación para cargarlo. Se cargará bien allí y ya que de todos modos lo estarás silenciando, no hay razón para tenerlo cerca. Despréndete contra la tentación al sacarla de tu área de trabajo. Después de todo, tienes trabajo que hacer, ¿verdad? Lleve ese maldito teléfono lo más lejos posible de usted mientras se está cargando y evite contratiempos en su productividad.

8. Automatice el pago de facturas: solo demora 5 minutos configurar su proveedor de servicios públicos y generalmente puede hacerlo en línea. El pago automático de facturas es un gran ahorro de tiempo. También puede configurar la confirmación por correo electrónico con la mayoría de los proveedores, para que no tenga que preocuparse de que se pierdan las facturas. Esos minutos que invierte en ingresar y pagar cada mes es el tiempo que podría gastar en cosas mejores, así que automatice los pagos de sus facturas y recupere esos minutos.

9. Temporizador: dado que está definiendo sus tareas y el tiempo que espera dedicar a ellas, use un temporizador para mantenerse al día. Puede configurar la alarma en su PC o computadora portátil (o en su teléfono, si tiene que hacerlo, pero le recomendamos que deje el teléfono fuera de esto). Una vez que una alarma indique el final de su tiempo para una tarea en particular, debe hacerlo de inmediato. pasar a la siguiente. Esto puede ayudarlo a asegurarse de que está trabajando en todas las cosas en las que necesita trabajar manteniéndolo enfocado y ayudándole a resistir la tentación de perder el tiempo y hacer que una o dos tareas duren todo el día.

10. Haga una banda sonora: la música es una excelente herramienta para la productividad. Además de abrir el lado izquierdo de tu cerebro (asociado con la creatividad), te da un poco de adrenalina cuando tus favoritos juegan y te empujan para lograr más. Haga una lista de reproducción o incluso mejor, haga algunas para la variedad y cárguela cuando esté a punto de ocuparse. Obtendrá mucho más trabajo y el trabajo parecerá menos tedioso. ¡Cuenta con eso!

11. Verificación de progreso del domingo: el domingo es un momento excelente para revisar el progreso de su meta y configurar su horario de trabajo para la próxima semana. Que sea un hábito de hacerlo. Saber exactamente dónde se encuentra con sus objetivos y los pasos que aún debe seguir lo mantiene en una mentalidad productiva. Aproveche al máximo ese domingo y utilícelo para su ventaja, haga un poco de planificación y tendrá más tiempo de ocio para ello.

12. Reduzca sus plazos: ¿Alguna vez ha retrasado una hora en su reloj para engañarse y levantarse más temprano? Esto es lo mismo, pero con sus plazos. Modifique su fecha límite para que tenga la sensación de que tiene menos tiempo para completar su tarea. Esto puede ayudar a evitar que procrastine y puede utilizar el sentido de urgencia para mantenerse ultraproductivo. Es un hack muy útil.

13. Hacer cumplir el tiempo para dejar de fumar: cuando termina el día, termina el día. Manténgase productivo hasta entonces, pero una vez que alcanza el tiempo que elige para dejar de trabajar, es una locura continuar. Desea asegurarse de que todo su trabajo sea excelente. Asegúrelo trabajando solo durante las horas que ha establecido para que obtenga su tiempo personal y, por lo tanto, tenga la facultad de otorgarle a cada tarea el 110%.

14. Regule su temperatura: los estudios han demostrado que si está demasiado caliente o demasiado frío, entonces no estará trabajando a niveles de rendimiento máximos. Si está trabajando desde su casa, tómese un momento para ajustar la temperatura a su gusto. Si se encuentra en el lugar de trabajo, asegúrese de estar vestido adecuadamente para que se sienta cómodo y se desempeñe de la mejor manera posible. Mantente cómodo y productivo con esta pequeña joya de Mindset Hack.

15. Tome una victoria fácil por la mañana: logre algo temprano por la mañana para que empiece su día con éxito.

Puede ser algo simple como un conjunto rápido de ejercicios o simplemente hacer la cama. No tiene que ser nada importante, el objetivo aquí es comenzar el día con una victoria para que estés en una mentalidad en la que puedas continuar ganando por el resto del día.

16. Sepa cuándo decir 'No': todos hacemos muchas cosas en el trabajo, pero una cosa que tendrá que aprender es cuándo decir 'no'. Si su jefe le asigna demasiadas tareas y no dice nada. Si no hay suficiente tiempo, entonces usted tendrá la culpa cuando no logre lo imposible. Solo asegúrese de explicar las razones por las cuales es probable que la tarea se atrase si se la asignan en este momento. Sé frío y lógico al respecto, no dejes que los sentimientos se introduzcan en tu voz. Mantenlo profesional. Su jefe necesita saberlo y se lo asignarán a alguien con menos carga de trabajo.

17. Planes de contingencia para contratiempos: no puede ver el futuro, por supuesto, pero a veces puede prever posibles problemas. Plan de estos siempre que sea posible. Tener un plan para hacer frente a los contratiempos por adelantado puede evitar que entre en pánico si ocurren problemas y ayudarlo a superar los problemas y mantenerse productivo.

18. Hacer juicios requiere trabajo: usted es un profesional en su campo. A veces, cuando está trabajando, se encontrará con problemas y nadie estará disponible para ayudarlo. Tome el incentivo para hacer una llamada de juicio. Usted sabe lo que está haciendo, y la vacilación puede hacer que no cumpla con los plazos de los proyectos importantes o incluso que detenga el proyecto. Haga la llamada que necesita para proceder e informe a su jefe lo antes posible. Hacer juicios de juicio es la marca de los verdaderos profesionales y líderes potenciales, así que no dude en encontrar lo que necesita.

19. Aprende cosas nuevas constantemente: aprovecha los recursos de capacitación en tu entorno para asegurarte de que estás perfeccionando constantemente tus habilidades. En este cambio de información, los roles y las habilidades están cambiando con la rapidez de los conejos asustados que beben café y hay que mantenerse al día. ¡No te vuelvas obsoleto, permanece elite! Tómese el tiempo adicional para entrenar cada vez que se ofrezca, es bueno para sus habilidades y una necesidad para su carrera.

20. Lo perfecto no existe. Nunca olvides que cometerás errores en el camino hacia el progreso. Todos lo hacen. El éxito se construye sobre la base de fallas y el aprendizaje de dichas fallas. Sigue subiendo y llegarás a la cima. Nadie es perfecto, así que tenemos que conformarnos con ser "Simplemente Increíble". ¡Lance con los golpes y avance!

¡Usa estos consejos para tu ventaja! Si bien toma un tiempo enseñarte estos hábitos, los resultados son asombrosos. Harás más trabajo y esto te dará más tiempo libre para ti o para alcanzar tus objetivos más elevados. ¿No te debes a ti mismo ser lo más productivo posible?

¿Chuleteando en el bit ya? Aún no hemos terminado. A veces, el esbozo y la productividad no son el problema. A veces, cuando queremos que las cosas se hagan, lo más difícil es hacer un enfoque real. Con eso en mente, hemos preparado el siguiente capítulo para abordar este problema. Tenemos otros 20 trucos para ti que te ayudarán a dirigir la mayoría, si no todo, tu enfoque en tus actividades y proyectos. Sin embargo, no confíe en nuestra palabra. Vayamos al siguiente capítulo, Capítulo 7: Hacks de enfoque.

Trucos de Enfoque

Cuando intentamos lograr nuestros objetivos o tareas que nos asignamos, la gran variedad de distracciones puede ser abrumadora. Si no tienes cuidado, puedes encontrar tu atención divagando y antes de que te des cuenta, estás leyendo la última novela de tu autor favorito, jugando en tu teléfono, hablando con compañeros de trabajo ... Todo menos lo que se supone que debes estar haciendo. Necesitas ejercitar tu FOCO. Por suerte para usted, querido lector, tenemos una lista de consejos y trucos para perfeccionar su enfoque a la nitidez de la navaja. Tomarán un poco de autodisciplina (y si ese es un problema para usted, ¡tenemos hacks de autodisciplina en el capítulo 10!) Pero con un poco de práctica, puede dominar todas las técnicas que vea en este capítulo. Pruébalo y tendrás un enfoque láser en un instante.

1. Evite la multitarea: créanlo o no, algunos estudios han demostrado que la multitarea en realidad es MUCHO MENOS productiva que simplemente enfocarse en la tarea singular que se realiza. No te dejes distraer haciendo demasiadas cosas a la vez. Céntrese en lo que está haciendo actualmente y preste toda su atención y verá el aumento de la productividad por sí mismo. Además, ¿la tarea no merece toda tu atención? Enfócate en una cosa y solo tendrás que hacerlo una vez porque lo has hecho bien.

2. Lento y constante: el buen trabajo no debe ser apresurado. Deliberadamente dedique su tiempo a lo que está haciendo y tenga en cuenta los detalles. Tu trabajo tendrá una calidad más pulida que seguramente apreciarás.

3. Ordenación posterior a la tarea: una vez que haya completado un proyecto o paso hacia una meta, asegúrese de ordenar el área que ha utilizado en la preparación para la siguiente tarea. Piense en ello como "restablecer el área para la productividad futura". Tener un área de trabajo ordenada ayuda a mantener a raya las distracciones Hablando de que…

4. Mantenga las distracciones fuera del alcance: teléfonos, sistemas de juego, libros ... Estas cosas están bien, pero cuando está tratando de meterse en una mentalidad productiva y enfocada, entonces estas cosas son kryptonita. Asegúrese de que estén fuera del alcance de su área de trabajo para que su enfoque no se desvíe y evite las tentaciones innecesarias. Recuerda, queremos estar enfocados. Esas distracciones estarán allí para ti más adelante en tu tiempo libre.

5. Alimentos de enfoque: el chocolate oscuro, los arándanos y el pescado graso son buenos ejemplos de alimentos que pueden darle un poco más de atención a tu enfoque. Un batido de proteínas después de un buen entrenamiento también es una combinación ganadora para lograr un buen túnel de enfoque. ¡Aprovecha los alimentos de enfoque, son el truco más sabroso de esta lista!

6. Identifique los pensamientos que distraen: si encuentra que su mente se distrae durante una tarea, entonces una buena manera de lidiar con el problema es dejar de trabajar por un momento, obtener un pedazo de papel y luego darle un buen uso. Lo que va a hacer con el papel es esto: escriba qué pensamientos lo distraen. Haga una lista y manténgala vaga pero hasta el punto (¡no haga de cada pensamiento una novela o estamos derrotando el propósito!). Una vez que hayas escrito estos pensamientos, dobla el papel y colócalo en el cajón de tu escritorio. El acto de reconocer los pensamientos y simbólicamente "archivarlos" puede ayudar a redirigir su enfoque a donde debe estar.

7. Controle sus distracciones: cuando estamos en el lugar de trabajo o tratando de hacer algo en casa, es muy fácil distraerse. Nos decimos a nosotros mismos que revisar Facebook o Instagram de nuestros amigos solo toma unos minutos y es inofensivo. No lo es. Ese tiempo se acumula durante el día y este es el momento en el que podría ser productivo. En lugar de caer en esta o en otras tentaciones, prueba este pequeño truco. Tome un pedazo de papel y escriba la distracción potencial. Haga una lista a medida que avanza durante el día. Por ejemplo, 'Check Facebook. Compruebe el correo electrónico. Mire el video que Jane envió ... "Si estas cosas son realmente importantes, puede hacerlas en su tiempo libre y no las olvidará porque tiene una lista. Al final del día, cuando lo mire, podemos garantizarle que nada en la lista le parecerá tan importante.

8. Externalice cuando sea posible: si tiene los fondos y la inclinación, tome el perfil del proyecto y un resaltador y determine qué tareas se pueden subcontratar a un "Asistente digital" u otros tipos de trabajadores en línea. Un número de lugares en línea ofrecen dichos servicios, sitios web como upwork.com, guru.com, fiverr.com y freelancer.com son solo algunos ejemplos de lugares para subcontratar trabajos para que pueda centrarse en los aspectos más importantes de su proyecto. . Considera este truco como una opción, tienes suficiente que hacer y, seamos sinceros, estás demasiado capacitado para eso. ¡Delegue y aborde los problemas más grandes usted mismo!

9. Levántese a las 4 o 5:00 am - Comience temprano. Una de las bonificaciones es que notará la tranquilidad y que aumentará su enfoque. Además, recién descansado y armado con café, podrá dedicar toda su atención al tema en cuestión. Desarrollamos una gran cantidad de desorden mental durante el día y levantarse temprano por la mañana es una buena manera de modificar su rutina diaria y forzar un "reinicio" mental que puede utilizar para su ventaja. ¡Ahora, active la alarma antes de que pueda protestar para sí mismo y vea lo que esto puede hacer por usted!

10. Realice las tareas problemáticas antes de tiempo: otra ventaja de levantarse temprano es que le permite utilizar otra técnica. Cuando se enfrenta a tareas problemáticas, el bloqueo del escritor o la resolución decreciente debido a la frustración en un objetivo que está tratando de lograr, intente levantarse muy temprano en la mañana y hacerlo en ese momento. Como se mencionó anteriormente, hay menos distracciones y el nuevo estado de ánimo a menudo le permite abordar tareas difíciles sin cansarse de todas las tareas más pequeñas que llenan el día. Elimine las grandes tareas temprano y el resto de su día será mucho más fácil y más productivo para ello.

11. Hacer listas de verificación: nada te mantiene enfocado como una lista de verificación. Esto se puede hacer con un simple trozo de papel y un bolígrafo o, si lo prefiere, a través de una serie de aplicaciones que puede descargar a su teléfono inteligente diseñadas para este propósito. Revisar los elementos a medida que avanza le brinda una forma instantánea de medir su enfoque y también le permite moverse rápida y fácilmente hacia abajo, lo que puede ser una lista complicada de pasos para lograr los resultados deseados. ¡Nunca subestimes el poder de la lista de verificación!

12. Memorice un poema semanalmente: practique la memorización para enfocar su atención. Si los poemas no son lo tuyo, memoriza citas favoritas o estadísticas deportivas. El objetivo es memorizar una cosa semanalmente. La memorización requiere una gran cantidad de atención y práctica, pero es una habilidad útil para agregar a su repertorio. Hackee su enfoque con la memorización una vez por semana y disfrute de los beneficios de su enfoque fortalecido.

13. Escriba la sinopsis de un capítulo de un libro que está leyendo: este es un ejercicio para evaluar y mejorar su enfoque. Escriba la sinopsis de un capítulo de un libro que esté leyendo actualmente. No tiene que estar en formato de ensayo, las viñetas están bien. El objetivo es ver cuánta información retiene y aprender a memorizar los puntos clave al analizar una gran cantidad de datos. Intente este pequeño ejercicio de pirateo de enfoque y fortalecerá su enfoque enormemente en muy poco tiempo.

14. Vestirse de manera inteligente: los estudios han demostrado que vestirse de manera inteligente conduce a una mejor toma de decisiones. En un estudio, dos grupos recibieron pruebas y uno de ellos se vistió con batas de laboratorio, mientras que los otros se vistieron de manera informal. El grupo en batas de laboratorio puntuó significativamente más alto que los vestidos casualmente. Vestirse para el éxito. Si sientes que te ves bien, tendrás una mentalidad aguda para ese día. Aproveche esto y vístase siempre lo mejor posible cuando busque ser productivo en el trabajo o lograr un objetivo.

15. divida tareas grandes: para mantener una mentalidad centrada, una cosa que puede hacer es tomar tareas demasiado complicadas y dividirlas en partes más pequeñas. De esta manera, puede trabajar los pasos individuales de la tarea sin sentirse abrumado, lo que resulta en una mentalidad más relajada que le permite dirigir todo su enfoque a la tarea en cuestión. Hackea tu enfoque y productividad con esta pequeña joya.

16. Trabaja en un lugar tranquilo (si es posible): cuando sea posible, trabaja en tus objetivos en un lugar tranquilo, sin distracciones. Mejora la tranquilidad de la atmósfera manteniendo el teléfono silenciado. Si bien parece una obviedad, muchas personas pasan por alto las ventajas que puede aportar un entorno silencioso. Si desea una rápida prueba de manejo pero vive en un vecindario ruidoso, intente configurar su alarma a las 4 am y hacer un poco de trabajo luego. La tranquilidad puede marcar la diferencia, así que siempre que sea posible, asegúrese de aprovecharla.

17. Siesta de café: este es un sueño. Para aprovechar al máximo una siesta de energía, consuma rápidamente una taza de café antes de acostarse para dormir. Es posible que desee agregar agua fría para que pueda beberla rápidamente, ya que quiere que la cafeína lo golpee mientras está en estado de sueño. Una vez hecho esto, se despertará sintiéndose más fresco y alerta de lo que lo haría con cualquiera de estos elementos por separado. Suena raro pero funciona. Pruébalo por ti mismo, estarás contento de haberlo hecho.

18. Nootrópicos: también conocidos como "Drogas inteligentes", los nootrópicos son bastante populares y sí, funcionan. Son compuestos que estimulan el enfoque y están ampliamente disponibles en los mercados de los Estados Unidos y Europa. Incluso están presentes en algunas bebidas energéticas disponibles en las tiendas de conveniencia locales (la bebida energética Redline es un buen ejemplo de esto). Querrá hacer un poco de tarea sobre el tema, pero si nunca ha oído hablar de Nootropics, ¡considere la posibilidad de revisarlos para captar su enfoque aún más!

19. El método Kipling: Rudyard Kipling escribió una famosa historia llamada "Kim" y durante el curso de este cuento se enseña a un niño a enfocarse con un método interesante. Se coloca una bandeja de plata delante de él y, cuando se levanta la tapa, hay varias gemas de varios tipos en la parte superior de la placa. Segundos después, se reemplaza la tapa y se le pide al niño que nombre el número de gemas y los tipos. Puedes hackear tu enfoque de una manera similar, no se requieren gemas. Ir a una cafetería con una libreta y un bolígrafo. Tómate un café y luego encuentra un lugar cómodo para sentarte. Mientras toma un sorbo de su café, levante la vista y haga un inventario mental de la habitación. Date unos segundos solo antes de mirar hacia abajo. Intenta anotar tantas cosas sobre la habitación como recuerdes sin mirar hacia arriba. Al principio, perderá una gran cantidad de detalles, pero con la práctica puede perfeccionar su enfoque y memoria para que sean nítidos. Prueba este truco alguna vez por ti mismo y verás!

20. Vuelva a enfocar sus ojos: cuando nos sentamos y observamos nuestro trabajo durante demasiado tiempo, no solo nos distraemos, sino que nuestros ojos comienzan a divagar. Un truco que puede usar para remediar esto es simple y efectivo. Simplemente dirija su enfoque en un objeto distante. Un pájaro, un árbol, o tal vez la puerta de la sala de descanso en la distancia. El objeto no importa. Mire el objeto durante unos segundos y luego vuelva a su trabajo. Encontrarás que tus ojos están reenfocados y ahora es menos probable que vaguen. ¡Use según sea necesario para mantenerse productivo y en una mentalidad enfocada a lo largo de su día!

No dejes que las distracciones te alejen de tus metas. Esperamos que utilice estos consejos todos los días para ayudar a crear el tipo de enfoque que desea y que se merece. Todo lo que necesita es un poco de práctica y luego estos consejos irán del experimento al hábito establecido.

Esperamos que haya disfrutado de esta lista de Mindset Hacks para un mejor enfoque. Practícalos y hazlos tuyos, y el enfoque pronto no será un problema para ti. En nuestro próximo capítulo, vamos a discutir Hacks de meditación y atención plena. Estos pueden ayudarlo a descarrilar pensamientos y percepciones destructivas que lo obstaculizan más de lo que lo ayudan. Todos están diseñados para ser rápidos y fáciles, la mayoría de ellos son móviles, e incluso hay uno para personas que no les gusta la meditación en absoluto. Nos gusta mantener a todos felices. Dicho esto, pasemos al Capítulo 8: Meditación y atención plena.

CAPÍTULO 8

Meditación y Consejos
para la Completa Atención

Cuando pensamos en meditación, tendemos a visualizar a un feliz sacerdote budista, sentados en posición de loto y contemplando el universo con serenidad. Suena genial pero también suena como algo complicado. Te alegrará saber que cualquiera puede meditar y, lo mejor de todo, no tiene por qué ser complicado ni llevar mucho tiempo. Entonces, ¿qué hay de estas cosas de Mindfulness? La atención plena es similar a la meditación, ya que se basa en gran medida en algunas prácticas meditativas budistas, pero con un toque moderno. El objetivo de Mindfulness es centrarte y lidiar con las "distorsiones cognitivas", que es simplemente un lenguaje psicológico sofisticado para "suposiciones incorrectas / pensamientos ilógicos". La atención plena te ayuda a recuperar el orden cuando estas distorsiones cognitivas o incluso el estrés general ocurrir. Dicho esto, hemos compilado una lista de meditaciones y técnicas de atención plena que puede hacer en casa o en el lugar de trabajo. Pruébelos y vea cuáles funcionan mejor para usted. ¡Un poco de armonía universal realmente puede hacer maravillas para hackear tu mentalidad!

1. Comer consciente: elige un momento en el que comes solo. Puede ser una pausa para un refrigerio o si realmente desea una experiencia agradable, elija desayuno, almuerzo o cena. Aclare su mente y simplemente concéntrese en los aspectos de su comida que ya son tan familiares que quizás haya olvidado cómo disfrutarlos al máximo. Primero, enfócate en los aromas, luego en sabor y textura. No permitas que tus pensamientos vaguen. Si encuentras un pensamiento externo que se arrastra, toma rápidamente un trago de tu bebida y diviértete contemplando el sabor, la temperatura y el aroma de esta bebida. Continúe lentamente hasta que termine su comida y se encontrará bastante renovado y listo para concentrarse en el día siguiente.

2. Mantra personal: desarrolla un mantra personal para ti. Esto puede ser cualquier antiguo conjunto de palabras, por ejemplo, la cita clásica de El Mago de Oz "No hay lugar como el hogar", la parte importante es el significado que usted asocia con él. Cuando estés disfrutando de algo, puedes repetir este mantra para reforzar los elementos buenos que deseas asociar. Asocie señales visuales, como un bonito atardecer o un cielo estrellado. Asocie aromas y sabores, como las galletas horneadas de gramma. Luego, en momentos de estrés en el lugar de trabajo o en el hogar, puede simplemente cerrar los ojos por un momento y repetir su mantra unas cuantas veces y dejar que los recuerdos lo atraviesen. Este es bueno porque puedes llevarlo contigo a cualquier parte.

3. Recuento de aliento de 3 minutos: configure un temporizador de 3 minutos en su teléfono inteligente, computadora personal o temporizador de cocina. A continuación, simplemente cierra los ojos y cuenta tus respiraciones. Inhala, uno, exhala, dos, y así sucesivamente. Cuando se apague el cronómetro, abre los ojos y te encontrarás sorprendentemente relajado, como si hubieras tomado una siesta de una hora y mágicamente la exprimieras en 3 minutos.

4. Visualice un árbol que crece rápidamente: la visualización es una poderosa herramienta de meditación. Siéntate en algún lugar que te sientas cómodo y cierra los ojos. Imagina una bellota cayendo del cielo y aterrizando en el suelo. Rápidamente echando raíces y creciendo en un poderoso roble en el transcurso de unos minutos. Observa la corteza a medida que se aclara y el árbol se ensancha, sus ramas se elevan hacia el cielo y se separan aún más a medida que crece más y más alto. Vea el árbol que suelta las bellotas y visualice la extensión de un robledal si lo desea, o cuando el roble haya crecido por completo, entonces escuche las aves, los grillos y otros sonidos de la naturaleza que se encuentran cerca. Cuando te sientas adecuadamente relajado, simplemente abre los ojos y continúa tu día.

5. Siga las luces detrás de sus ojos: esta técnica es buena para alcanzar un estado meditativo y también, por cierto, puede usarse por la noche para ayudarlo a dormir si tiene un ataque ocasional de insomnio. Cuando cerramos los ojos, hay rastros de "luz" que vemos detrás de nuestros párpados porque nuestros ojos siempre están tratando de recopilar datos. Lo que querrás hacer es imaginar que eres un cazador, persiguiendo la luz que ves detrás de tus ojos y que debes despejar tu mente de pensamientos porque estos pensamientos alertarán a las luces de tu presencia. La forma más fácil de evitar pensar es concentrarse únicamente en el silencio y las luces, como si estuviera corriendo detrás de ellas en su mente. Se necesita un poco de tiempo para dominar, pero esta técnica es un medio muy poderoso de despejar la mente para que descubras distracciones y pensamientos negativos. ¡Darle una oportunidad!

6. Sonreír: El simple acto de sonreír es en realidad meditativo en sí mismo. Los centros de llamadas a menudo enseñan a sus empleados a sonreír cuando hablan por teléfono, ya que la "sonrisa se puede escuchar" en la llamada. Hay datos para respaldar que esto es efectivo. Por alguna razón, incluso una sonrisa forzada puede elevar el estado de ánimo. Si no eres del tipo al que le gusta sonreír, simplemente gira tu punto de vista con este pensamiento. A veces sonríes y otras veces le enseñas al mundo tus dientes.

7. Solo los hechos: un ejercicio fácil que puede hacer en cualquier entorno para centrarse es hacer un inventario mental de su entorno. Mire a su alrededor y observe el color de las paredes, el tipo y la textura del piso. ¿Qué tan altas o cortas son las personas que te rodean? ¿Cuáles son sus rasgos faciales, colores de cabello y opciones de vestimenta?

8. Arco iris de emociones: cuando clasificas una serie de emociones que distraen, este es un excelente ejercicio para volver a moverte. Visualiza cada emoción que sientes como un color en un arco iris personal. Puede usar las tareas tradicionales, como rojo para la ira, azul para la tristeza, o simplemente asignar lo que se le ocurra. Visualícelos de arriba a abajo de más fuerte a más débil y una vez que tenga esta imagen en su cabeza, intente hacer que los colores negativos parezcan más pequeños al ampliar los positivos. Esto puede ayudarlo a elevar su estado de ánimo con el simple reconocimiento de lo que está sintiendo y la afirmación positiva de lo que elige sentir.

9. 3-3-3 respirando - Inhala contando hasta 3, manténlo presionado contando hasta 3 y exhala contando hasta 3. Una vez que domines esto, intenta mezclarlo. Respire hasta contar 4, manténgalo presionado durante 4, exhale durante 5… Juegue con estas técnicas y encontrará que ciertos patrones de respiración lo calmarán o lo vigorizarán a través de la moderación de los niveles de oxígeno del cerebro. Algunas personas informan que esto puede volverse automático con el tiempo y patearse automáticamente en momentos de estrés, por lo que no dude en probarlo usted mismo. Estarás muy satisfecho con los resultados.

10. Tensión muscular de arriba a abajo: esta es una técnica de meditación popular y bastante fácil que puedes probar. Comience flexionando los músculos de sus pies y luego relajándolos. Sube a tus pantorrillas y luego a tus muslos, sube lentamente por tu cuerpo hasta que subas lo más alto que puedas. Esto proporciona un enfoque de distracción que puede distraer su mente de todos los días y ayudarlo a enfocarse hacia adentro. Como tal, es un truco útil para tener a tu disposición.

11. Meditación en la ducha: esta es una meditación simple que puedes hacer en cualquier momento que tomes una ducha. Cierra los ojos y, mientras limpias, imagina que las tensiones de tu día se están cayendo y se van por el desagüe. A medida que cada uno desaparezca, imagínate que te conviertes cada vez más en una pizarra nueva, lista para enfrentar el nuevo y relajado día.

12. Mindfulness autocontemplativo: esta técnica de mindfulness es una forma de conocerte mejor. Fije un temporizador durante 5 minutos, acuéstese, cierre los ojos y relájese. Pase tiempo preguntándose "¿quién soy yo?", Pero no piense demasiado en ello. Concéntrese en repetir la pregunta como un mantra y sienta qué impresiones produce en usted. Cuando el temporizador finalice (lo que puede suceder bastante rápidamente si está en el estado mental correcto), escriba las impresiones que recibió. Incluso solo una lista de palabras está bien. Esta es una buena manera de medir su estado interior y aprender más sobre usted.

13. Camine con prisma: camine por el parque y, al principio, concéntrese solo en su respiración y en la naturaleza que lo rodea. A medida que los pensamientos se entrometen, considérese un prisma y permita que estos pensamientos se difundan a medida que la luz se difunde a través del prisma. De esta manera, simbólicamente está desglosando su estrés a través de la visualización y con un poco de práctica, esta puede ser una excelente manera de eliminar el estrés.

14. Conexión a tierra con cinco sentidos: este ejercicio es una forma consciente de conectarse a tierra cuando te sientes estresado, asustado o enojado. Piense en algo para cada uno de sus sentidos que pueda recordar fácilmente. Algo que has visto, como un amanecer favorito o un lugar exótico. Algo que has tocado, como la sensación de terciopelo o de granos de arena. Algo que has probado, como la lima amarga o las cerezas frescas. Algo que ha escuchado, como una canción reciente o quizás su hijo cantando. Por último, piense en un aroma, quizás el olor a horneado fresco de visitar a un abuelo o el olor de una chaqueta de cuero nueva. Este también es un buen ejercicio para cuando te sientas abrumado. Si no hay tiempo para repasar todos los sentidos, un mental rápido 1 o 2 debería ayudarlo a centrarse para que no se encuentre tomando una decisión emocional o cometiendo errores en el trabajo.

15. Acaricia a tu mascota: una meditación para quienes simplemente no pueden o no les gusta la meditación estándar, el acto de acariciar a tu mascota tiene un efecto meditativo similar. Acariciar el pelaje de su gato o perro produce sustancias químicas para sentirse bien en su cerebro, como la oxitocina, la prolactina y la serotonina. También conduce a animales más felices en el hogar, así que considera esto si no te gusta ir por la ruta de meditación o atención plena.

16. Mentalidad de principiante temporal: como un ejercicio de pensamiento de atención plena para la resolución de problemas, pregúntese cómo abordaría este problema si fuera un principiante. Dicen que se puede enseñar a un principiante, pero nunca a un experto, así que lo que esperamos lograr es un poco de pensamiento consciente fuera de la caja. El juego de rol es una buena manera de lograr esto. Imagina cómo un amigo que no es un experto en tu campo podría resolver tu problema. Si bien la respuesta puede ser en gran parte errónea, obligarte a pensar de esta manera puede ayudarte a descubrir formas alternativas para resolver tu dilema. A veces, los mejores ataques mentales implican una desconexión, así que prueba este por ti mismo y observa qué tipo de resultados recibes.

17. La mascota diaria de la naturaleza: tome nota cada día del primer animal que vea en su viaje al trabajo (sus mascotas no cuentan, a menos que tenga más de uno y realmente desee que lo hagan). A medida que avanza el día, cuando el estrés se te presente, visualiza a este animal. Recuerda qué detalles puedes al respecto. ¿Qué tan grande era? Si era un pájaro, ¿estaba cantando? Usa esto como una manera de sacarte de tu rutina. Recordar algo tan aleatorio como el primer animal del día puede ayudarte a enfocarte y, lo mejor de todo, es bastante aleatorio, por lo que esta técnica tiende a mantener su eficacia.

18. Practica el pensamiento basado en resultados: una excelente técnica de Atención plena que puedes practicar es el pensamiento basado en resultados. Visualice el resultado que desea y pase un tiempo agregando tantos detalles como sea posible. La teoría detrás de esto es que cuanto mejor puedas visualizar el resultado, más fácil será mapear tus pasos hacia él. Pruébelo y piense en grande, ¡vea lo que puede construir con este truco mental!

19. Tareas domésticas meditativas: cuando esté haciendo las tareas domésticas, despeje sus pensamientos y simplemente concéntrese en el trabajo mismo. La textura de la toallita al limpiar los platos. El olor a polvo al aspirar y cómo calienta la alfombra. Los sonidos de la naturaleza cuando estás sacando la basura. No dejes que los pensamientos externos se entrometan, sino más bien, presta atención a lo que te rodea. Esto puede ser bastante relajante y hace que las tareas domésticas también sean sorprendentemente rápidas. Pruébalo por ti mismo y verás!

20. Lluvia de ideas musical: cuando intentes resolver un problema, intenta obtener un poco de ayuda de tu subconsciente. Obtenga un bloc de notas y un bolígrafo y seleccione unos minutos de canciones para escuchar, preferiblemente instrumentales. Cierra los ojos y piensa en el problema que estás tratando de resolver. Mientras escuchas la música, deja que te lleve, pero guarda el problema en el fondo de tu mente. A medida que se te ocurran soluciones, escribe una sola palabra en el bloc de notas como un recordatorio de ello, cierra los ojos y déjalo ir. Cuando se complete la partitura musical, vea cuántas soluciones ha compilado y siéntase libre de eliminarlas. Este es un ejercicio particularmente útil ya que la música abre el lado izquierdo de tu cerebro, asociada con la creatividad. Pruébelo cuando esté tratando de resolver un problema particularmente difícil, puede que se sienta muy satisfecho con los resultados.

Aquí vamos. Esperamos que pruebe algunas de estas técnicas para alterar un poco su mentalidad y mantener el orden y la armonía cerca de usted en todo momento. Estábamos discutiendo la mediación (pero eso era Zen y esto es ahora), por lo que procederemos a nuestro próximo capítulo en el que discutiremos los beneficios de la organización. No se preocupe, no esperamos que limpie la casa de pies a cabeza, sino que tenemos una serie de trucos para darle a su casa o lugar de trabajo un sentimiento más minimalista y práctico que lo ayudará a modificar su mentalidad. niveles de productividad adicionales al mismo tiempo que mejora los niveles de confort de la casa humilde. ¡Echemos un vistazo al Capítulo 9: Organización de Hacks y veamos de qué se trata todo este alboroto!

CAPÍTULO 9

Trucos y Consejos de Organizacion

Cuando piratear su organización mental es una obligación, mantener su lugar de trabajo y su hogar en un estado propicio para la productividad puede ayudar a asegurar que siempre esté dando los mejores resultados. Como tal, hemos reunido una lista de elementos que pueden ayudarlo a organizarse y prepararse mejor para enfocar, planificar y realizar. Orientados a la comodidad y la organización, estos trucos pueden ayudarlo a asegurarse de que el hogar sea el lugar donde está trabajando más duro o disfrutando de la vida al máximo. ¿Curioso? Vamos a empezar, entonces. Aquí hay 20 consejos que puede usar para maximizar el confort y el potencial de productividad de su hogar:

1. Compre algo, deshágase de algo: el desorden puede restar valor al enfoque general, llamar la atención sobre sí mismo o dificultar la búsqueda de cosas que necesitamos para proyectos o actividades diarias. Una regla fácil que puede adaptar para ayudar a detener la afluencia de elementos innecesarios es esta. Compra algo nuevo, deshazte de algo viejo. Es fácil de hacer y ayuda a mantener alejado el riesgo de que se acumulen montones de basura, así que prométase que se adherirá a esta simple regla.

2. Practique guardar cosas: cuando termine una tarea, ya sea algo en lo que está trabajando en la oficina en casa, algo de cocina que está haciendo en la cocina, o cualquier otra cosa que implique una cierta cantidad de desecho y desorden, ingrese a El hábito de limpiarlo de inmediato. Esto garantiza que no tendrá trabajo adicional para más adelante o que corra el riesgo de retrasarlo por completo. Mantener su entorno limpio y ordenado ayudará a su mentalidad y "restablecerá" el área para futuras tareas que realizará allí nuevamente. Prueba este pequeño Mindset Hack y observa qué hace para tu rendimiento general. Estarás satisfecho.

3. Lista de productos básicos reutilizables: ahorre tiempo comprando una lista de los alimentos básicos que siempre obtiene en la tienda de comestibles. Para obtener un valor agregado, utilice uno de los recibos de sus visitas anteriores para ponerle precio a cada artículo, de modo que tenga una idea general del tipo de presupuesto que está obteniendo. Si lo desea, también puede aprovechar esta lista de otra manera determinando qué elementos pueden cambiarse de marca a genéricos, pero eso depende de usted. Como mínimo, si se decide a elegir los extras que desea de la tienda, tendrá una base de precios práctica para que no se haga ningún daño con las compras por impulso. Definitivamente vale la pena la inversión de tiempo.

4. Aplicaciones de administración de dinero: las aplicaciones de administración de dinero como Quicken, Dollarbird y Good Budget pueden ayudarlo a reducir un poco el dolor del presupuesto y el seguimiento de sus gastos. Esto le da una idea de dónde va todo ese dinero ganado con tanto esfuerzo y le permite realizar cambios en sus gastos según lo desee. ¿Por qué no tener un contador en su bolsillo? ¡Consígalos en su tienda Google Play o Apple y comience a utilizar esta tecnología!

5. Automatice las copias de seguridad de PC: programas como Cobian Backup, Paragon Backup and Recovery y Google Backup and Sync se pueden usar para hacer copias de seguridad regulares o parciales. Esto es algo que definitivamente querrás configurar para ti mismo. No hay nada peor que perder su trabajo, imágenes y otros medios favoritos en un fallo del sistema. Asegúrese de invertir un poco de tiempo en organizar esto ahora para que no tenga que perder mucho tiempo reparándolo más tarde. Es más fácil mantener una mentalidad fresca cuando no tiene que preocuparse por sus datos. Establezca esas copias de seguridad lo antes posible y proteja sus datos AHORA.

6. Almacenamiento en el piso debajo de la cama: una gran manera de deshacerte de esas cajas antiestéticas o acumular espacio en el armario está disponible para que compres en la mayoría de las tiendas grandes. Se pueden comprar recipientes de plástico grandes, en su mayoría planos, que puede guardar en el interior de la ropa doblada u otros artículos para que pueda acomodarlos cuidadosamente debajo de su cama. Esta es una excelente manera de almacenar artículos de temporada como suéteres o ropa de verano cuando no los usará durante un mes aproximadamente. También libera más espacio para un poco más de esa sensación minimalista en casa. Prueba este y comienza a limpiar tu lugar hoy mismo.

7. Libros de ropa - Este es estéticamente agradable y útil. Normalmente, cuando embalamos cajones, tendemos a colocar los artículos plegados planos, uno encima del otro. Esto se traduce en la necesidad de molestar la pila cada vez que deseamos cavar una prenda de ropa particular que nos gustaría usar ese día o la noche. Un gran truco organizativo es renunciar al estándar de arriba a abajo colocando los artículos uno al lado del otro, como libros en un estante. Al hacer esto, cuando abras el cajón, verás todos los elementos a la vez, lo que hará que encontrar el que deseas sea una brisa.

8. Pizarra semanal: las pizarras blancas son extremadamente divertidas para los compañeros de habitación molestos con notas pasivo-agresivas, pero hay un uso mucho más práctico desde la perspectiva de Mindset-Hacking. Obtenga uno y colóquelo en su habitación o en otro lugar donde tenga que verlo todos los días y escriba recordatorios para las tareas que deben realizarse esa semana. Ponerlo en un lugar prominente garantiza que lo verá y lo ayudará a evitar que olvide citas importantes, reuniones sociales o tareas.

9. Agarre y saque bocadillos: un buen truco para organizar una buena comida es sellar bolsas de plástico de manera individual para que pueda tomar porciones de bocadillos de sus frutas o vegetales favoritos, empacarlos y tenerlos listos en el refrigerador o congelador para tomarlos. y ve. Nunca se sabe cuándo necesita un refrigerio o si prepara su almuerzo para el trabajo todos los días, por lo que esta es una excelente manera de tomarse un tiempo del proceso. Como un bono adicional, considere empacar algunos de los alimentos de enfoque del Capítulo 7 para que tenga un poco de enfoque listo para usar.

10. 2 tardes de recuperación: tome 2 tardes de cada semana para utilizar para ponerse al día. Algún día será para ponerse al día socialmente, tal vez reunirse con un amigo para tomar un café o simplemente llamar. El otro debe tener tiempo libre asignado para la posibilidad de una tarea o un retroceso del objetivo. De esta manera, si está enfermo o detenido de alguna manera para completar algún trabajo necesario, ya ha reservado con anticipación para ello. El miércoles es un buen día para prepararse para las tareas, ya que está en la mitad de la semana. Por supuesto, no puede predecir cuándo tendrá un contratiempo y, a veces, tendrá que improvisar, pero la planificación por adelantado puede aliviar al menos parte del estrés.

11. Done cosas que no necesita: todas las personas tienen ropa extra o artículos que, básicamente, se están volviendo viejos y viejos sin usar en el ático o en el sótano. Una excelente manera de racionalizar su mentalidad es tomar un fin de semana solo o con la ayuda de amigos (y tal vez una promesa de pizza) para separar los tesoros de la escoria. Reúna los artículos que no necesita y regálelos o dónelos en algún lugar. A veces, menos es más y cuando se trata del entorno de su hogar, menos desorden puede significar mucha más productividad. ¡A todos les encanta volver a casa a un hogar limpio!

11. Organice la despensa por vencimiento: la organización de sus artículos de despensa por sus fechas de vencimiento le permite saber qué artículos debe comer primero y le da una idea acerca de qué artículos puede tener un exceso de existencias, por lo que le ahorrará un poco de dinero una vez que haya ingresado. este habito Una despensa ordenada también significa que se requiere menos tiempo en la preparación de la comida porque sabrá exactamente dónde se encuentra cada artículo. Si bien requiere mucho tiempo al principio, una vez que haya creado un pequeño orden en el caos de la despensa, entonces es fácil de mantener y le ahorrará mucho tiempo a largo plazo.

12. Etiqueta antes de congelar: ¿Cuántas veces has mirado en el congelador y has tenido que abrir tu Tupperware para ver qué había dentro? Ahórrese el problema y también el inconveniente de encontrar la comida en ruinas al etiquetar su Tupperware cuando almacena algo. Ponga la fecha y lo que está dentro y luego péguela en el refrigerador. Para obtener un valor agregado con este truco, organice los productos perecederos por fecha para no desperdiciar comida y dinero. Pruébalo, este es un guardián!

13. Documentos importantes en un solo lugar. ¿Alguna vez le han pedido una factura o un documento importante y luego tuvo que buscar en su casa o apartamento todo el día para encontrar esa maldita cosa? Ahórrese algunos dolores de cabeza al almacenar todos sus documentos importantes en un solo lugar. Un cajón de escritorio funcionará o incluso una carpeta de archivos expandible. Si realmente desea organizarse, puede usar carpetas codificadas por colores para los tipos de documentos (es decir, facturas, emitidas por el gobierno, títulos, garantías). Esto hace que encontrar esos documentos sea muy fácil y puede ahorrarle un tiempo precioso y precioso.

14. Mantenga las sobras en el mismo estante: dedique un estante en su refrigerador estrictamente para las sobras. De esta manera, es más difícil olvidarlos o arruinarlos y obtendrás una idea con bastante rapidez cuando sería mejor omitir la cocción y masticar esas sobras. No dejes que la buena comida se desperdicie con este pequeño truco. ¡Mantenga ese refrigerador organizado con un estante sobrante!

15. Portarrollos de papel de metal para cinturones: este es un truco genial. Tome un soporte metálico para toallas de papel, el tipo que consiste en una base redondeada con un pequeño palo de acero que sobresale de él. A continuación, para guardar sus cinturones, envuélvalos en pequeños círculos que luego coloque uno encima del otro en el soporte para toallas de papel. Se apilan muy bien en el soporte de la toalla de papel y el efecto es estéticamente agradable y ahorra espacio.

16. Tarros de albañil para la cocina: una cantidad de artículos se guardan en su despensa de una manera ineficiente. La harina, el azúcar y muchos otros artículos tienden a venir en envases poco atractivos que ocupan mucho espacio. Un remedio fácil que puede emplear es el uso de tarros de albañil. Retire el embalaje y transfiera los artículos a los frascos. Esto le brinda una solución atractiva y amigable con el espacio que también le brinda la ventaja de permitirle ver su inventario de un vistazo para que nunca tenga que preocuparse por quedarse sin un elemento necesario por accidente.

17. Frasco o caja para cambio suelto: ¿Siempre pierde el cambio en su sofá o cama y está cansado de tener que recogerlo? Tenías una alcancía cuando eras un niño, ¿por qué no te haces otro? Use uno de los tarros de albañil del paso 16 o compre una lata si no le gusta mostrar su cambio. Después de eso, simplemente vacíe sus bolsillos cuando llegue a casa todos los días y se resuelva el problema. Recuerde, cuanto más organizado esté todo en su hogar, más productivo y cómodo será. ¡Deja de poner monedas en el sofá y consigue una alcancía adulta!

18. Haz tu cama cuando te levantes: esto parece una tontería pero en realidad hace mucho por tu mentalidad. Por un lado, es una pequeña victoria en la mañana, pero lo mejor de todo es que cuando llegas a casa hay muy poco más atractivo que una cama bien hecha que te espera para usar. Ayuda a aumentar la sensación general de comodidad en la habitación y solo toma unos minutos, así que no te saltes este pequeño truco de comodidad y organización.

19. Limpie su correo electrónico semanalmente: nada se acumula como un correo electrónico. Los programas de correo electrónico modernos y los proveedores de correo electrónico como Gmail y Yahoo se han vuelto bastante buenos para filtrar el spam. Desafortunadamente, nadie puede atrapar todo. Además, todos tienen una gran cantidad de correos electrónicos que ahora son inútiles y, francamente, deben ir. Organiza tu correo electrónico para que solo contenga las cosas importantes. Serás mucho más eficiente para ello.

20. Automatice los ahorros con depósito directo: a veces es difícil ahorrar cuando su cheque de pago llega en una suma global. A veces se encuentra revisando el saldo de su cajero automático y pensando: "eh, todavía tengo efectivo" y lo siguiente que sabe es que no come nada más que sándwiches de mantequilla de maní durante los últimos 3 días antes de que le paguen nuevamente. Un pequeño truco fácil para esto es obtener una segunda cuenta y pedirle a Contabilidad que establezca un depósito directo doble para que una parte de sus ingresos se ponga automáticamente en ahorros. No lleve esta tarjeta de cajero automático con usted, sino que guárdela en algún lugar de su casa donde no tenga fácil acceso o la tentación de usarla. Con el tiempo, si no lo usa, puede acumular una cantidad sorprendente de ahorros que lo pueden configurar para emergencias o invertir en iniciar su propio negocio. Haz esto y ve por ti mismo. Es una excelente manera de aferrarse a más de su dinero duramente ganado.

Mira, eso no fue tan malo, ¿verdad? Algunos de ustedes pueden sentirse entusiasmados con la implementación de algunos o todos estos cambios en su propia casa, pero también son un poco reacios a dedicar tiempo. Ahí es donde entra nuestro siguiente capítulo. En el Capítulo 10: Hacks de autodisciplina, hemos acumulado un tesoro de Hacks de mentalidad que puedes utilizar para luchar contra un poco de control de ti mismo al sumergirte en el pozo de la autodisciplina. Incluimos ejercicios que pueden ayudarlo a aumentar su fuerza de voluntad paso a paso, centímetro a centímetro, hasta que sienta que está listo para resistir esas tentaciones que tan a menudo nos desvían de nuestros objetivos. ¡Explorémoslos y veamos cómo pueden beneficiarlos a ustedes, queridos lectores!

CAPÍTULO 10

Trucos de Autodisciplina

Uno de los objetivos de Mindset Hacking es bastante obvio. Autodisciplina, por supuesto! Entrenarte para resistir la tentación puede ayudarte a asegurarte de que tu productividad no se vea obstaculizada o, en el peor de los casos, forzada a detenerse. ¿Cómo se fortalece la autodisciplina? En realidad, hay una serie de formas. Hemos recopilado algunos de los consejos y trucos más prácticos y sensatos para que usted aproveche. Con un poco de paciencia y experimentación, encontrará el ajuste perfecto para usted en poco tiempo. Entonces, ¡continuemos con este capítulo y te mostraremos cómo puedes emplear Mindset Hacking para fortalecer tu autodisciplina!

1. Identifica tus debilidades - Conoce a tu enemigo. Lo más probable es que sepa cuáles son sus propias debilidades. Si bien es una cosa desagradable reconocer nuestras propias debilidades, necesitaremos que dejes de lado esa incomodidad esta noche para hacer una lista de lo que percibes como tus debilidades actuales. El primer paso es reconocerlos y este es un Hack de mentalidad propio. Una vez que los hayas reconocido, puedes adoptar una mentalidad de guerrero y ver estas debilidades como los enemigos del yo que son. Ahora que está listo, tenemos otros consejos que le ayudarán a lidiar con esas debilidades molestas. Tenemos las debilidades cubiertas, por lo que a continuación vamos a cubrir la parte resuelta de este proceso. La siguiente lista que necesitarás hacer es tu ...

2. Razones para la lista de autodisciplina: a veces el acto de escribir puede crear asociaciones neuronales que pueden ayudar a reforzar nuestra fuerza de voluntad y nuestra intención. Este es uno de esos casos. Tome una hoja de papel o abra un archivo de texto en la computadora de su casa o computadora portátil y comience a crear una lista numerada para usted mismo de las razones por las que le gustaría tener más autodisciplina. Luego imprímala o simplemente dóblela si usa la opción de papel de cuaderno y póngala en su billetera. Tener la lista para leer puede ser una afirmación positiva en sí misma, pero encontrará que simplemente poner el deseo en palabras impresas puede tener un gran efecto en mantenerlo en el camino hacia la autodisciplina.

3. Planificación previa de la tentación: si sabe que va a encontrar tentaciones frecuentes y angustiantes, una estrategia es planificar su respuesta con anticipación. Si alguien le pide que salga a tomar una cerveza, planee responder "Tengo trabajo, pero puedo ir con usted y tomar algunas bebidas." Si alguien ofrece un pedazo de pastel mientras está en un restaurante y está mirando. sus calorías, simplemente vaya con una fruta u otra opción de tratamiento bajo en calorías. Ensayar su respuesta de antemano suena simple pero en realidad es bastante efectivo. Pruébelo compilando algunas tentaciones semanales y configurando respuestas ensayadas para la semana. Usted podría encontrarse gratamente sorprendido por su eficacia.

4. Entrenamiento de resistencia gradual: hazte la promesa de resistir una tentación al día (o 3 a la semana) y apégate a ella. Si logras la primera semana, agrega 1 al número. Haga esto durante un mes, aumentando lentamente su capacidad de decir "no". Esta técnica es utilizada a menudo por los entusiastas atléticos para aumentar la cantidad de ejercicios que realizan semanalmente y no es menos poderosa para las tentaciones. La filosofía general es comenzar poco a poco y construir sobre ella. Un cimiento fuerte conducirá a una casa fuerte.

5. Afirmaciones matutinas: antes de irse a la cama cada noche, haga una lista de las cosas que desea o necesita cumplir al día siguiente. Dobla hacia arriba y ponlo en la mesita de noche. A continuación, cuando se despierte a la mañana siguiente, lo primero que hará es desplegar la lista y leerla en voz alta. Esta es una afirmación de su intención de lograr estos elementos y leerlos en voz alta por la mañana lo ayudará a mantener su atención diaria en los elementos importantes que ha enumerado. Este es un Hack de mentalidad simple pero efectivo.

6. Combina las cosas que quieres hacer con las cosas que debes hacer: si no puedes resistir la tentación, úsala en tu beneficio. Combine las actividades tanto como sea posible para que cada vez que caiga presa de la tentación, esté atemperando su productividad haciendo algo útil también. Lee ese material que tienes que aprender con una rebanada de pastel. No es tan óptimo como la resistencia, pero también puede ser bastante productivo.

7. Diario de resistencia: obtenga un diario en blanco de su librería local y comience a escribir cada vez que resuelva con éxito la tentación. Prométase que incluirá al menos 3 entradas por semana. A medida que las entradas comiencen a llenarse, verás que el refuerzo positivo te ayuda a motivarte a resistir más y más a medida que tu fuerza de voluntad se fortalece. Darle una oportunidad. Como mencionamos anteriormente, la palabra escrita es una herramienta poderosa, úsela a su favor.

8. Refuerzo del ejercicio físico: cuando te sientes tentado por algo, por ejemplo, "Hey Joe, ¿quieres salir después del trabajo?", Intenta reforzar tu fuerza de voluntad con un poco de ejercicio. Un trote durante el almuerzo, una mancuerna en el escritorio. Alternativamente, si puede decirse que no, tan pronto como llegue a casa, haga algunas flexiones o visite el gimnasio. La mentalidad detrás de esto es practicar decir "no" mientras se asocia con el fortalecimiento del cuerpo. Curiosamente, es una combinación que funciona bastante bien. Compruébelo usted mismo, se sorprenderá gratamente (y lentamente se volverá más fuerte físicamente, ¡bonificación!)

9. Nota de sí mismo de la última decisión maliciosa: la próxima vez que una decisión de impulso le ponga en problemas, trague su orgullo por un momento, obtenga un pedazo de papel y escríbase una nota. Algo en el efecto de 'Dear Me, la última vez que tomé una decisión sin pensarlo, _____ sucedió. Pensemos en lo que haremos la próxima vez ... Llévelo con usted y la próxima vez que se sienta gracioso acerca de una decisión de impulso que está a punto de tomar, sáquelo y léalo. Tendrás un buen consejo de la persona que más escuchas. ¡Puede ser útil!

10. Recordatorios de notas adhesivas: simples, pero eficaces, las notas adhesivas son una excelente manera de hacerte un recordatorio rápido para que puedas colocarlo virtualmente en cualquier lugar. Los mejores lugares son la pared de la habitación, el espejo del baño y el refrigerador. Cuando tenga algo que necesita hacer o algo que quiera recordar NO hacer, simplemente haga algunos recordatorios y publíquelos en la casa. A veces, un pequeño empujón es todo lo que necesitamos para mantenernos fuertes. Hackea tu autodisciplina con notas adhesivas!

11. Paquete de 'escape' de productividad: ¿Tiene problemas para motivarse? Prueba esta pequeña joya. Consíguete una mochila pequeña y coloca artículos que se relacionen con ser productivo. Agrega una unidad flash USB o reproductor de mp3 con tus canciones favoritas. Un poco de chocolate negro para el cerebro. Una almohada para sentarse si su silla es incómoda. Notas adhesivas motivacionales pre-escritas, listas para arrancar la almohadilla y pegar a tu alrededor. Tienes la idea! Cuando te encuentres incapaz de moverte, puedes agarrar tu paquete de escape y saltar al trabajo. Al igual que con muchos de estos Hacks de mentalidad, estás creando una afirmación positiva que puedes usar para moverte. ¡Asegúrate de hacer el tuyo ahora!

12. Ejercicio de ducha fría: un ejercicio de disciplina que puede emplear es tomar una ducha fría una vez a la semana. Después de una semana, vea si puede hacerlo dos veces por semana. Incluso si solo haces unos minutos, cada vez que lo haces, fortalece tu resolución de resistirte cuando las cosas se ponen difíciles. Si bien es un ejercicio desagradable, tenga en cuenta que el propósito de la disciplina es prepararse para hacer cosas que tal vez no quiera hacer pero NECESITA hacer. Use este ejercicio para perfeccionar su disciplina y los beneficios serán innumerables.

13. No hay redes sociales los fines de semana: lo más probable es que esté accediendo a las redes sociales casi, si no TODOS los días. Facebook, Instagram, Twitter… estos son solo algunos. Practica un poco de disciplina desconectando estas distracciones los fines de semana. Al principio será difícil, pero también encontrarás beneficios. Tu fin de semana parecerá más largo, para empezar. Tendrás más publicaciones interesantes que puedes crear el lunes si deseas detallar tu fin de semana para amigos. Son solo 2 días, así que no te quejes, solo inténtalo y observa lo que hace por tu disciplina y cómo beneficia tu tiempo personal.

14. Tome decisiones antes de tiempo: ¿Trata de no beber demasiado cuando sale con amigos? ¿Por qué no pagar por adelantado al barman y pedirle que se detenga en un cierto número de bebidas que haya decidido antes? Tratando de dieta? ¿Por qué no pedirle al camarero o a la camarera que haga una "bolsa para perros" por adelantado y que ponga la mitad de su cena en ella para más tarde? Tomar decisiones con anticipación puede hacer que sea más fácil seguir un plan que está tratando de seguir para la superación personal y es un enfoque elegante para la disciplina. Use este consejo y se sentirá menos tentado y se ganará una cierta cantidad de respeto de parte de sus amigos cuando vean que es inteligente, decisivo y está determinado a alcanzar sus metas.

15. Use alarmas para reducir los hábitos improductivos: si le gusta dedicar tiempo a cosas como los juegos o las redes sociales y no puede dejar de hacer estas cosas por completo, ¿por qué no establecer un temporizador? Esto le permite tener un poco de las cosas que le gustan, pero también sirve para evitar que le permitan consumir todo el día. Recuerda, todo con moderación. Esto le permite disfrutar de las cosas que le gustan y al mismo tiempo dedicar tiempo a otras actividades, ya sean relacionadas con objetivos, socialización o simplemente probar cosas nuevas. Afina tu disciplina con la piedra de afilar y un temporizador bien establecido.

16. No postergues; hágalo ahora: si se demora mucho, intente comprometerse a hacer este simple ejercicio una vez al día. La primera tarea que se te presente cuando digas "Puedo hacer esto más tarde" se detendrá, resistirá ese impulso y realizará la tarea inmediatamente. Practique hacer esto durante una o dos semanas y luego intente hacer esto para los primeros 2 elementos que tiene ganas de posponer. La procrastinación realmente puede colarse y morderte si no tienes cuidado, ya que todas las cosas pequeñas pueden acumularse y formar un ardor de insectos que tendrás que luchar intentando domesticar. Evite esto pirateando su disciplina con este ejercicio de dilación y disfrute del tiempo libre que viene más tarde como su recompensa.

17. Acostumbrarse a las escaleras: ejercite su disciplina evitando el ascensor y siempre subiendo las escaleras. Si esto no es práctico debido al tamaño del edificio, tome el ascensor hasta la mitad y luego use las escaleras. Esto no solo es un buen ejercicio (que puede resultar en llegar a la oficina con una dosis saludable de endorfinas) sino que, como ejercicio de disciplina, es bastante efectivo. Entonces, acostúmbrate a esas escaleras, amigo!

18. Diario 'Lo que aprendí' - Nadie es perfecto. Todos fallamos en un momento u otro. Lo que importa es recuperarse y aprender de la experiencia. Cuando su autodisciplina se tambalea o experimenta un retroceso en sus metas, en lugar de meditar en ello, debe obtener un diario. Escribe una entrada cada vez que caigas, detallando lo que sucedió y, lo que es más importante, lo que has aprendido de esto. No te permitas ser negativo, no queremos que escribas cosas como "He aprendido que no puedo hacer esto o que no puedo hacerlo", sino que debes ser constructivo en tus entradas. 'Aprendí que debería presupuestar más para este escenario' o 'Aprendí que este proyecto puede llevar más tiempo del que proyecté'. Espere unos días o una semana hasta que los factores emocionales sean menos agotadores y escriba para cada uno Ingrese lo que pretende hacer para resolver el problema. "Voy a probar una aplicación de presupuesto" o "Me voy a dedicar el jueves a ser un día de recuperación para no estar abrumado con las tareas para el fin de semana". Este truco mental es significativo. Una vez que te hayas enseñado a aprender de los reveses y errores, conocerás uno de los secretos que cada persona exitosa ha aprendido. En el camino hacia el éxito, todos fallan en algún momento, pero los ganadores aprenden de sus fracasos y se recuperan.

19. Establezca un plan claro: la mejor manera de asegurarse de obtener el máximo provecho de su entrenamiento disciplinario es establecer un plan claro. Decida qué ejercicios hará y con qué frecuencia los realizará. Escríbelo para que puedas tenerlo a mano y mantenerlo siempre. Es importante establecer sus propias expectativas con anticipación y resolver que seguirá su plan hasta el final. Manténlo conciso, ya que un plan vago te reportará malos resultados. ¿Quieres autodisciplina? Esta es la forma de obtenerlo, así que asegúrese de diseñar un plan claro y conciso para trabajar en su autodisciplina. Te alegrarás de haberlo hecho.

20. Si te caes, entonces vuelve a subir. Si fallas en un ejercicio un día, no te permitas usarlo como una excusa para abandonar las cosas por completo. Quítate el polvo de los pantalones y levántate, amigo! Si esto fuera fácil, todos serían súper disciplinados (y qué extraño mundo sería). Recuerda, si te caes, te pegarás al plan. Prométete esto y guárdalo; Si quieres autodisciplina, tendrás que salir y TOMARLO. Puedes hacerlo.

No esperes resultados de la noche a la mañana, amigos. Como mencionamos anteriormente, la autodisciplina lleva tiempo, pero aguante y obtendrá los resultados que desea. En nuestro próximo capítulo, tenemos algunos Hacks de mentalidad que creemos que realmente disfrutará. ¿Alguno de ustedes tiene un amigo en particular con una memoria perfecta, casi fotográfica? ¿Has albergado un poco de celos por su memoria? Vamos, se honesto, no lo diremos. Si es así, estarás muy interesado en el próximo capítulo. En el Capítulo 11: Hacks de memoria, hemos redondeado una gran cantidad de hacks para recordar listas, hacer cúmulos para los exámenes y más. Bueno, ¿qué estás esperando? ¡Al capítulo 11 vamos!

CAPÍTULO 11

Consejos para la memoria

Dicen que un elefante nunca se olvida (ni otro significativo cuando hemos hecho algo tonto, pero nos desviamos del tema). ¿Tiene problemas para recordar nombres, números o tareas importantes? Bueno, en ese caso, ¡estás de suerte! Hay una serie de trucos y técnicas para ayudar a agudizar su memoria o, al menos, para empujarla en la dirección correcta. ¡Hemos reunido una lista de ellos solo para ti! Pruebe uno, pruébelos todos y encuentre los que mejor se adapten a usted. ¡Esperamos que este sea un capítulo que nunca olvidará!

1. Cebo y cambio intelectual: cuando tenga problemas para recordar una cosa, lea alguna información o absorba algunos datos visuales sobre un tema similar. Las asociaciones sueltas pueden, curiosamente, refrescar su memoria en la longitud de onda correcta para ayudarlo a recordar lo que ha perdido. Una serie de técnicas en este capítulo se basan en asociaciones y pronto verás por qué. Es una herramienta poderosa. Pruébalo y ve si funciona para ti.

2. Memory Palace: empleada por el famoso genio-villano ficticio Hannibal "The Cannibal" Lecter en la serie "Silence of the Lambs", esta técnica ciertamente no es ficción. No tenemos espacio para profundizar en los detalles de esta técnica, pero lo esencial es que visualice su "palacio", que puede ser un enorme castillo o incluso su apartamento o casa favorita del pasado o de su imaginación. Lo que haces es visualizar estar dentro de la casa y cuando quieres recordar algo, entonces agregas un artículo a la casa que asocias con el artículo, la persona o el detalle. Más tarde, cuando desee recordar el elemento en particular que desea recordar, dé un paseo por su "Palacio de la Memoria" y busque el elemento con el que lo asoció. Hannibal tenía archivadores que él leería, pero puede asociar cualquier mueble dentro con recuerdos particulares, como fotos de seres queridos, un periódico con titulares ... Solo sea creativo cuando cree objetos en su Palacio de la Memoria y se sorprenderá. Lo que puedes recordar. Esta técnica se utiliza principalmente para recordar listas de elementos, pero también se puede usar para muchas otras cosas. La adopción de esta técnica conlleva un poco de una curva de aprendizaje, pero una vez que se domine, definitivamente vale la pena el trabajo, ¡así que considere crear su propio Palacio de la Memoria para ver qué puede hacer por usted!

3. Sugerencias visuales: un truco que es a la vez astuto y práctico es la colocación de recordatorios visuales en toda la casa. ¿Necesitas llamar a tu mamá esta semana? Coloca una foto de mamá en un lugar nuevo de la casa y te darás cuenta hasta que hayas hecho la llamada. ¿Vas a un partido de baloncesto con un amigo y necesitas comprar las entradas? Cambie el fondo de su escritorio al logotipo de su equipo hasta que tenga tiempo para hacerlo. Piense en ello como una versión moderna de atar un trozo de cuerda a su dedo.

4. Practica reconstruyendo tu día - ¿Necesitas ejercitar tu memoria? ¿Por qué no hacerlo de la manera tradicional, bien, ejercitando su memoria? Cuando llegue a casa y se relaje, después de la cena, tómese unos minutos para reconstruir lo que hizo ese día. Comience con el momento en que se despertó y diga en voz alta cómo comenzó su día, seguido de su tarde, y continúe hasta el momento en que llegó a casa. Intenta incluir tantos detalles como puedas recordar. Al igual que tu cuerpo, tu mente se fortalece con el ejercicio, así que no te desanimes si este ejercicio es difícil al principio. ¡Se vuelve más fácil y tu memoria se volverá mucho más fuerte!

5. Resuma lo que ha leído en voz alta: cuando esté tratando de memorizar algunos datos de un libro o informe, pruebe este pequeño consejo. Al finalizar el material de lectura (o capítulo por capítulo), tómese unos minutos para resumir lo que acaba de leer en voz alta. Si no puede resumir, puede volver a leerlo y ver si esto mejora su retención. Con el tiempo, sabiendo que necesitará resumir el material para usted mismo, le enseñará a absorber los fragmentos pertinentes a medida que vaya entendiendo el material. ¡Ver por ti mismo!

6. Tome notas: esta es simple pero a menudo se pasa por alto en la era de la información digital. Obtenga un bloc de notas simple y viejo que pueda caber en su bolsillo y tome notas rápidas para cuando necesite recordar algo. Las notas no tienen que ser complicadas, a veces solo una oración o dos, o incluso una palabra bien elegida, puede traer de vuelta una conversación completa de un vistazo. No nos creas Intentalo.

7. Lea el material en voz alta: así como resumir en voz alta puede ayudarlo a retener más, el simple hecho de leer en voz alta puede aumentar considerablemente los niveles de retención y comprensión. Por lo tanto, la próxima vez que desee aprender algo y estar solo en casa, asegúrese de leer el material en voz alta, de manera lenta y clara, y ver cuánto retiene de usted más tarde. Te sorprenderás gratamente.

8. Repita los nombres en la introducción: si tiene problemas para retener los nombres, intente usar el nombre de alguien varias veces después de la introducción mientras habla con ellos. La repetición es la clave aquí. Una vez que haya usado el nombre varias veces, será mucho más probable que lo recuerde que cuando solo lo usó una vez. Es una técnica simple, pero efectiva.

9. Patrón de contraseña base - ¿Siempre estás olvidando tu contraseña? Crear un patrón de contraseña base. Seleccione una palabra y ponga un número delante y detrás de ella, precedido o seguido por un símbolo. Cuando deba cambiar su contraseña, simplemente modifique el número, el símbolo o ambos. Cuando tenga problemas para recordar su contraseña, sabrá que será una variante de una en particular. Alternativamente, puede crear 2 o 3 de estos, el objetivo es tener una base para que no se pierda por completo la próxima vez que necesite iniciar sesión.

10. Planificador o aplicación de recordatorios: un planificador personal antiguo es una excelente manera de anotar recordatorios para usted. Si esta es una tecnología demasiado baja para usted, siempre puede cargar una aplicación en su teléfono inteligente para lograr lo mismo. Aplicaciones como 'EZ Reminder' y 'To do

List' realizarán esta función por usted. Alternativamente, si tiene Outlook en la PC o computadora portátil de su hogar, puede sincronizarlo con su teléfono y programarse recordatorios a través de la función de programación. Es una buena manera de asegurarse de no olvidar citas importantes o próximos cumpleaños.

11. Resaltar: si está revisando material impreso y nadie se opone, siempre puede ir tras él con un resaltador. Este truco de baja tecnología es una excelente manera de asegurar que retenga información importante. Solo no te excedas. Resalte solo los puntos clave, ¡el hecho de resaltar demasiado puede reducir la retención! Utilícela sabiamente pero definitivamente aproveche este truco de retención de datos.

12. Método de aprendizaje súper: este se puede hacer con la ayuda de un amigo o con una grabación de su voz. Es una excelente manera de retener grandes cantidades de información o incluso de aprender un nuevo idioma. La técnica es simple. En primer lugar, lea el material que desea absorber. A continuación tocaremos música instrumental a bajo volumen. Quieres que sea audible pero que no te distraiga demasiado. Cierra los ojos y haz que tu amigo (o tu grabación) te lea la información en tonos moduladores ... A veces en un tono alto, a veces en un tono de voz más bajo. La frecuencia debe cambiar a menudo. La razón por la que funciona tan bien es que la música abre el lado izquierdo de su cerebro, que está más asociado con la creatividad, mientras que los tonos de modulación llaman su atención y la información real que se lee funciona con el lado derecho de su cerebro. El factor de retención es impresionante. Intente esto con una pequeña cantidad de texto y vea cuánto retiene para saber que vale la pena. ¡Nos lo agradecerás más tarde!

13. Mnemonics de palabras clave: esta se usa a menudo para aprender un idioma extranjero. Como una serie de técnicas aquí, emplea elementos visuales exagerados para ayudarte a recordar palabras específicas. Por ejemplo, si quisieras recordar la palabra alemana para siempre, ewigkeit (pronunciado ay-vijj-kite), podrías visualizar a una bruja en el cielo colgando de una cometa grande. Las asociaciones visuales pueden ser de gran utilidad al hackear tu memoria. Si está intentando aprender un idioma extranjero actualmente, le recomendamos esta técnica como una forma de retener más palabras de vocabulario de las que podría lograr de otra manera.

14. Connection Mnemonics - Connection Mnemonics es otra técnica visual en la que crea asociaciones al crear una caricatura mental de un sujeto. Digamos que acabas de conocer a alguien llamada Sally y deseas recordar su nombre. Podrías visualizarla nadando en un río y pensarte a ti mismo "Natación Sally". Tal vez te acaban de presentar a un hombre llamado Rudolph. Salvo el atajo de verlo con una nariz roja, podría imaginárselo con una guitarra y pensar 'Rocking Rudolph'. Estas caricaturas pequeñas se pegan más fácilmente que los nombres simples y pueden ayudarlo a recordar una gran cantidad de nombres (una muy útil habilidad en la oficina. La gente tiende a gustarte más si recuerdas sus nombres inmediatamente. Prueba este si tienes problemas para recordar nombres, es posible que te sorprendas gratamente.

15. Dibujar para crear una memoria / enlace visual: el aprendizaje visual es realmente poderoso, por eso aquí hay tantos ejemplos que se basan en él. Una forma de obtener información para recordar en su mente si tiene una inclinación artística es obtener una libreta y dibujar una representación visual de lo que está tratando de recordar. Por ejemplo, si desea recordar "El peso es igual a la aceleración de los tiempos de masa", podría dibujar un pequeño ratón de dibujos animados, sonriendo mientras salta de un edificio grande para que pueda caer sobre un gato desprevenido. Agregue un policía con una pistola de radar que muestre 80 mph y una imagen de una escala rota, seguido de un panel en la esquina que muestra a un gatito fuera de combate con un ratón animado parado sobre él. Si la información es mucho más difícil de describir, intente dibujar un diagrama. Esto puede ayudarlo a tener una señal visual para asociarse con la información, de modo que pueda retenerla a voluntad.

16. Clavijas de memoria: otro método poderoso de aprendizaje visual, las Clavijas de memoria pueden ayudarlo a recordar información que requiere una cierta secuencia. Para utilizar este método, primero deberá memorizar la siguiente lista:

- uno = pan
- dos = zapato
- tres = arbol
- cuatro = puerta
- cinco = colmena
- seis = palos
- siete = cielo
- ocho = puerta
- nueve = vid
- diez = gallina

Ahora diga que necesita memorizar la secuencia de colores en un arco iris. Rojo, naranja, amarillo, azul, verde, añil y violeta. Primero podías visualizar sumergir un bollo de canela en salsa de tomate, luego una naranja metida en un zapato, y luego un árbol llorando. Te dan la imagen. No solo obtiene los datos, sino que también obtiene la secuencia asociada al uso de este poderoso método. No está mal, eh?

17. Encadenamiento: esta técnica es buena para recordar listas de elementos que no desea olvidar. El método empleado es contar historias y funciona así. Digamos que queremos recordar obtener 5 artículos en la tienda de comestibles. Leche, azúcar, trozos de piña, jamón y clavo. Las historias tontas funcionan mejor, así que podrías hacer algo como "Cuando el Sr. Milk se fue de su casa, entró en su móvil de azúcar y fue a la estación de servicio (su tanque carecía de trozos de piña). Luego recogió a sus amigos, Harry Ham y Charlie Cloves, y se fueron a matar a un pueblo en Foodtown ". Puede recordar un número decente de elementos utilizando este método, siempre que haga que su historia sea lo suficientemente surrealista como para mantenerla. Prueba este uno alguna vez. Haga una lista de los artículos que necesita de la tienda de comestibles y luego haga una historia al respecto. Vaya a la tienda y recoja todos los elementos que pueda recordar cuando repita la historia en su cabeza. Antes de hacer el check-out, eche un vistazo a su lista para ver si ha olvidado algo. Apuesto que no.

18. Enseñe lo que acaba de aprender: una excelente manera de hacer que algo que acaba de aprender se quede en su memoria es enseñárselo a alguien. Cuando estamos enseñando, tenemos que elaborar los conceptos de lo que acabamos de aprender, construir una construcción mental de ello en nuestras mentes y luego comunicar nuestra comprensión de esta construcción a otro individuo o grupo de personas. Esto no solo hace que la información se integre más profundamente en nuestras mentes, sino que también puede brindarnos una mejor comprensión del tema. Si desea una buena prueba del tiempo, asegúrese de conservar cierta información en particular y luego encuentre un amigo o algunos amigos y enséñele esa información.

19. Asociación de aromas - Este es un buen truco. Cuando estas estudiando un tema en particular y desea recordar grandes cantidades de datos sobre este tema, comience sus estudios con el olor de un aroma particular. Algún perfume o colonia es ideal y portátil. Asegúrate de seguir oliendo este aroma mientras estudias y luego, cuando quieras recordar mejor lo que has aprendido otro día, rocía el aroma en tu muñeca y vuelve a inhalarlo. Su mente asociará el aroma con la información que digirió recientemente y le será más fácil recordarla.

20. Nemotécnicas de fragmentación: la fragmentación es una técnica de memoria que se ha utilizado con cierto éxito con pacientes en las primeras etapas de la enfermedad de Alzheimer. Básicamente, le permite memorizar números complejos, grupos, frases o series de palabras, dividiéndolos en trozos fácilmente digeribles. Por ejemplo, si le pedí que memorizara el número 94732457689, podría tener dificultades para retenerlo. Sin embargo, con Chunking, puede elegir recordar 9473 245 7689 con mucha mayor facilidad. Romper los números o secuencias de palabras en porciones pequeñas es un método simple y elegante para recordar información compleja que podría haber sido desalentadora antes. Le sugerimos que intente esto la próxima vez que necesite recordar números difíciles o combinaciones de palabras para que pueda ver su eficacia de primera mano.

Algunas de las técnicas descritas en este capítulo pueden requerir una inversión de tiempo de su parte. Sin embargo, no se desanime, ya que son bastante poderosos y con un poco de práctica, pueden servirle bastante bien. Solo sea paciente y siga los pasos que hemos proporcionado y en poco tiempo hará que la gente se enoje en la noche de trivialidades.

En nuestro próximo capítulo, discutiremos una parte importante de Mindset Hacking. Ya hemos hablado de maximizar la productividad y dirigir sus metas. Mantenernos saludables y fortalecer su memoria y mentalidad en general, pero hay otro aspecto importante de Mindset Hacking que debemos explorar. Eso, por supuesto, sería descanso y relajación. Cómo gastar su tiempo de inactividad será muy importante para determinar qué tan productivo puede ser. Teniendo esto en cuenta, le brindamos algunos métodos que puede aplicar para aprovechar al máximo su tiempo para que siempre esté actualizado y en todo su esplendor. Avancemos para que podamos disfrutar juntos de la siguiente sección, titulada Capítulo 12: Hacks de descanso y relajación. Confiamos en que hay algo aquí para todos.

CAPÍTULO 12

Descanso y relajación Trucos y Consejos

Si va a hackear su mentalidad, entonces necesita saber cómo moverse entre los estados de enfoque y relajación. Después de todo, una mente feliz es una mente aguda, y una que está descansando un poco entre periodos de estar tan aguda todo el tiempo. Dicho esto, ¿cuáles son las mejores técnicas para esto? Hemos recopilado una serie de formas en las que puede relajarse en su casa o simplemente aprovechar al máximo su almuerzo personal o sus descansos laborales de 15 minutos. ¡Eche un vistazo y vea cuáles le atraen más y pruébelos!

1. Agregue un poco de distracción a su rutina de descanso: si desea reiniciar su estado mental, una buena manera de lograrlo es la distracción. Haz algo completamente fuera de lo normal de tu rutina diaria. El razonamiento detrás de cómo esto afecta a tu forma de pensar es que nuestros cerebros tienden a omitir los detalles de una serie de eventos que se han convertido en rutina. Que tiene sentido. No necesita recordar cada automóvil que ve en su viaje diario y si tiene un desayuno favorito en particular, solo notará si el cocinero cambia o si algún día es particularmente insípido o realmente bueno. Notamos aberraciones de la norma más vívidamente. Entonces, condimente un poco las cosas. Ve con alguien completamente nuevo en tu hora de almuerzo. Empaque un almuerzo ocasionalmente y coma afuera. Los cambios en su rutina pueden ayudar a reiniciar su mentalidad y permitirle estar más concentrado por el resto de su día.

2. Ejercicio: sorprendentemente, hacer un trote o correr en su hora de almuerzo puede vigorizarlo durante el resto del día. Libera endorfinas que pueden estabilizar tu estado de ánimo y energizarte en preparación para el resto de tu día. Traiga un cambio de ropa en su auto si hace calor, pero una carrera de unos pocos minutos debería hacer el truco sin requerir un cambio de vestuario. ¡Ábrete camino hasta el borde de una endorfina con un pequeño ejercicio en tus descansos!

3. Llame a un amigo: una forma de fortalecerse y asegurarse de que está manteniendo relaciones sociales es simplemente llamar a un amigo en un descanso. Socializar es bueno para nosotros y puede mejorar su moral por el resto del día. Esto también es bueno para cuando esté en casa, una llamada rápida a un amigo puede mejorar su estado de ánimo y ayudarlo a mantenerse social y centrado. ¡Considere este Hack de mentalidad amigable con la sociedad para brindarle una escapada refrescante y una ventaja posterior para su ocupada jornada laboral!

4. Medita: tenemos un capítulo completo sobre los métodos que puedes usar (Capítulo 8, si has estado salteando). La meditación no es solo para gurús o sacerdotes budistas. Limpiar su mente y tomarse un momento para disfrutar del mundo que lo rodea puede mantenerlo relajado y aumentar su creatividad también. Usado diariamente, también puede contribuir enormemente al autocontrol. ¡Pruébelo y vea lo que puede hacer por usted!

5. Buen libro. Parece anticuado, pero lo hemos incluido aquí porque FUNCIONA y lo ha hecho durante algún tiempo. Un libro te lleva a una experiencia inmersiva que puedes llevar contigo a cualquier parte. Intente leer un poco todos los días en los descansos y se sorprenderá de la mejora de la productividad que una pequeña distracción puede proporcionarle. Esta vez y probado Mindset Hack nunca te fallará.

6. Escritura creativa: la escritura creativa es una buena manera de expresarse mientras separa su mente del trabajo en cuestión por un tiempo apreciable y beneficioso. Puedes escribir sobre cualquier cosa que te guste si tienes la inclinación y encontrarás que los minutos simplemente vuelan. Aplicarte creativamente de esta manera puede ayudarte a construir tu imaginación para que puedas así "pensar fuera de la caja". ¡Pruébalo alguna vez y mira!

7. Pan para la serotonina: ¿Sabías que cosas como el pan integral, el arroz y la harina de avena pueden ayudar a tu cuerpo a producir una sustancia química que estimula el estado de ánimo llamada serotonina? Es cierto y deberías aprovecharlo. Prepare un bocadillo de uno de estos tres para sus descansos y ¡aumente su estado de ánimo!

8. Bebidas sorpresa: esta es divertida, efectiva y refrescante. Cuando vaya de compras, compre botellas de tamaño único o latas de diferentes bebidas. Cuando llegue a casa, tome algunas bolsas de plástico y colóquelas en 2 o 3, diferentes combinaciones, en bolsas de plástico opaco que atará y pondrá en el refrigerador. En la mañana, cuando salga para el trabajo, tome una bolsa y llévela con usted. Cuando te tomas un descanso o solo necesitas un pick-me-up, toma una taza de hielo y sin echar un vistazo, saca una de la bolsa. La variedad le brinda una mini distracción rápida para que pueda aprovechar los beneficios de un pequeño cambio de rutina con muy poco esfuerzo.

9. Fin de semana en la cama: disfrute del ocasional "fin de semana en la cama" en el que ordena y mira películas desde su habitación. Algunas personas creen que para disfrutar realmente los fines de semana, debes salir y socializar todo el tiempo, pero esto simplemente no es cierto. Tomarse un tiempo para ti mismo es bueno para ti y no vas a creer lo relajado que te sentirás cuando vayas a trabajar el lunes. Ordene una pizza, ponga en marcha algunas películas y no deje esa cama cuando pueda evitarla. ¡A veces los placeres simples son los mejores!

10. Bucket list bucket: obtenga un pedazo de papel y haga una lista antes de las cosas que puede hacer el fin de semana, preferiblemente cosas que le gustaría hacer pero que nunca ha hecho antes. Asegúrese de dejar suficiente espacio entre cada elemento para lo que sigue. Corta cada artículo en tiras y dóblalas para que no puedas ver lo que dicen. Luego, colóquelos en un recipiente que mantendrá en algún lugar a mano (o para obtener puntos adicionales, un cubo real donde haya escrito 'Cubo de la lista de cubo' en el costado) y cuando salga del trabajo el viernes, se irá a casa. mete la mano en el cubo y saca una.

Haga lo que haya enumerado en la tira de papel seleccionada. Este es otro método para agregar un poco de luz a su tiempo de descanso y relajación. Esto obliga a un cambio de rutina que lo ayudará a asegurarse de que llegue a trabajar el lunes energizado, agudo y posiblemente con un nuevo pasatiempo.

Además, ¡es muy divertido! Este es probablemente el consejo que más se disfrutará, pero las opiniones pueden variar.

11. Dejar el trabajo en el trabajo: nunca llevaría sus problemas del hogar a su espacio de trabajo, así que practique lo inverso, deje sus problemas de trabajo y su trabajo en su lugar de trabajo. Cuando salga de la oficina, todo su tiempo y atención deberían estar en usted. Permitirse llevar a su persona de trabajo a su hogar le quitará mucha diversión a sus fines de semana cuando debería estar descansando y divirtiéndose. Como resultado, tendrá un desempeño menos hábil durante la próxima semana. El efecto es acumulativo, por lo que debe detenerlo ahora. Mantenga sus dos vidas separadas para aprovechar al máximo su tiempo de relajación. Te alegrarás de haberlo hecho.

12. Prepare un desayuno monstruoso: durante la semana de trabajo, su desayuno probablemente no sea tan estelar como le gustaría. Un McMuffin rápido o un burrito para el desayuno, posiblemente una taza de yogur y una manzana ... pero ahora es el fin de semana, así que debes deleitarte. ¿Por qué no disfrutar de un desayuno monstruo? Batir algunos panqueques. Tirar un poco de pan en la tostadora y salir de la mermelada de su elección. Freír un poco de tocino y hacer algunos huevos de lado soleado en la grasa de tocino. Agregue un poco de hash browns o un poco de avena en el lado y déjese mimar. Como un bono adicional, habrá un montón de sobras que puede comer todo el día. Aún mejor, invite a un amigo para compartirlo con. Tratarte de vez en cuando te ayudará a mantener una mentalidad relajada para que puedas maximizar la naturaleza tranquila que cada fin de semana debería contener. Te lo mereces.

13. Pase algún tiempo en la naturaleza: acampar en su día libre, hacer caminatas o simplemente pasar un poco de tiempo observando las aves en su parque o arboreto local puede ser bueno para el alma y excelente para una mentalidad de relajación saludable. Prepare un almuerzo para llevar con usted junto con un buen libro y encuentre un lugar aislado y hermoso para pasar un poco de tiempo con la naturaleza. Tenemos rutinas en el hogar que consumen más tiempo del que nos damos cuenta y esto puede tener el efecto de hacer que nuestro tiempo libre parezca corto e inadecuado. Cuando estás en la naturaleza, sin embargo, los minutos pueden sentirse como horas gloriosas. Aprovecha esto. Es gratis y es bueno para ti. ¿Cuánto tiempo ha pasado desde que pasó un poco de tiempo con la naturaleza? Bueno, ¡sal, porque ha pasado demasiado tiempo!

14. Alimenta tus pasatiempos: ¿tienes un pasatiempo que realmente haga fluir tus jugos? ¿Por qué no apagar su teléfono inteligente, entrar en su taller u oficina en el hogar e invertir un poco de tiempo en él? Hacer un poco de escritura creativa. Disfrute de un proyecto de bricolaje que le dará algo práctico que puede usar en la casa. Pinta un cuadro o haz una escultura. Scrapbook algunos recuerdos si eso le hace cosquillas a su fantasía. Todos tienen sus pasatiempos, pero puede ser difícil hacerles un tiempo si no te permites adoptar la mentalidad adecuada. Entonces, basta con esperar, alimenta ese hobby tuyo y déjate refrescar a través del poder de la expresión creativa. Realmente no hay nada como eso, así que no descuides tus pasatiempos. ¡Son el Hack de mentalidad que nunca supiste que tenías!

15. Elimina las tareas durante la semana: este pequeño consejo es práctico y maravilloso. Elimine sus tareas durante la semana para no tener que lidiar con ellos el fin de semana. Esto lo liberará para el ocio o la diversión y también ayuda a compartimentar su tiempo de trabajo frente a su tiempo libre. Dejar que las tareas se acumulen hasta el fin de semana es un error que es fácil de cometer si no planifica con anticipación, así que haga una lista si es necesario y colóquela en el refrigerador como recordatorio. Haz tus fines de semana tuyos con este pequeño consejo y disfrútalos al máximo. Si simplemente no tienes tiempo para hacer esto, entonces como alternativa puedes contratar a alguien para que limpie los viernes mientras trabajas, pero si es posible, simplemente eliminarlo gradualmente durante la semana es el camino a seguir. ¡Libere su tiempo y sea dueño de esos fines de semana, usted merece un descanso!

16. Viaje de fin de semana: es posible que no lo sepa, pero algunas agencias de viajes pueden proporcionarle un viaje de fin de semana a una ubicación completamente aleatoria. Esto es un poco de una aventura. Puedes ir a un lugar que quizás no hayas visitado antes, conocer gente nueva e interesante y relajarte mientras disfrutas de alimentos locales que tienen un sabor un poco diferente al que estás acostumbrado en casa. Por supuesto, su viaje no tiene que ser aleatorio y tampoco tiene que estar muy lejos. Un viaje a una ciudad vecina para un fin de semana de R y R a veces puede ser exactamente lo que necesita para romper su rutina para que pueda relajarse adecuadamente. Prueba esto y disfruta un poco de tu tiempo libre.

17. Ir a dar un paseo en bicicleta: la mayoría de nosotros pasamos incontables horas de nuestros jóvenes deslizándose por las aceras y prácticamente volando por las colinas en nuestro modo favorito de transporte ... la buena bicicleta. Si no ha viajado en años, debe considerar alquilar o invertir en la compra de uno para que pueda recuperar un poco de la nostalgia. Nunca olvidas cómo andar en bicicleta, saltar en una y deslizarse por el parque puede llevarte directamente a la alegría de la infancia, con el viento en la cara mientras los árboles pasan a una velocidad apreciable. Pequeños ataques de la mente como este pueden ser de gran ayuda para elevar tu moral y ponerte de buen humor. ¿Que estas esperando? ¡Es hora de dar una vuelta!

18. Crea un "Heraldo de fin de semana" tradicional: una buena manera de ponerte en el "modo de fin de semana" es crear algún tipo de ritual para cuando llegues a casa por primera vez. Puede ser una canción en particular que toque cada vez que inicie el fin de semana, una campana que toque alegremente, o mi favorita personal, un gong que toque justo después de ingresar al domicilio. Esto es simbólico, y en un nivel subconsciente divide su mentalidad en modo de recreación y relajación. Solo tendrás que intentarlo para ver, pero por tonto que parezca, es un truco mental divertido y efectivo.

19. Silencie el teléfono móvil: si ya ha hecho sus planes, silencia ese teléfono inteligente. Si hay alguien con quien necesita comunicarse porque se está reuniendo con ellos, simplemente envíe un mensaje de texto a su teléfono y diga que revisará el teléfono con poca frecuencia y que después de la reunión tendrá la intención de estar incomunicado durante el resto del fin de semana. Pasar demasiado tiempo en su teléfono inteligente puede hacer que sus fines de semana se sientan pequeños e inadecuados, ya que realmente no se da cuenta de cuánto tiempo pueden consumir esos aparatos que, ciertamente, son maravillosos. Desconéctese un poco y siléncielo para que pueda disfrutar su fin de semana. El teléfono todavía estará allí para ti el lunes.

20. Pruebe una nueva comida con un amigo: haga un ritual de fin de semana con su mejor amigo o pareja, donde ambos probarán una nueva comida o un restaurante una vez cada fin de semana. Esto es divertido y relajante porque rompe la rutina, al tiempo que satisface el deseo de ser social al disfrutar de una experiencia nueva y compartida. Además, nunca se sabe, puede que encuentres algunos de tus nuevos alimentos favoritos que estaban a la vuelta de la esquina todo este tiempo. ¿Por qué no salir este fin de semana y ver?

¿Listo para sacar el máximo provecho de su tiempo libre? Estamos felices de escuchar eso. Esperamos que utilice estos consejos y trucos para aprovechar al máximo ese precioso tiempo. Después de todo el trabajo que haces, ¿no te lo mereces?

CONCLUSIÓN

Nos gustaría agradecerle por haber leído Reprograma tu Mente: Guía completa para principiantes para maximizar su productividad a través de Mindset Hacking. Esperamos que hayas explorado los consejos y trucos que hemos incluido aquí y que pronto practiques muchos de ellos. Pueden ayudarlo a mejorar su modo de pensar de varias formas, como lo ha visto: ahorro de tiempo, salud, pirateo de la mente, logro de objetivos y más. Con un poco de paciencia y experimentación, encontrará que hay una serie de aplicaciones a las que las técnicas internas pueden darles el mejor uso posible. Asegúrese de registrar su experiencia para poder evaluar mejor sus niveles de éxito. No hay nada mejor que un registro concreto de progreso personal para mostrarte que vas en la dirección correcta y demostrarte que has encontrado algo maravilloso y beneficioso para ti. Gracias de nuevo por su tiempo y le deseamos un buen y exitoso momento en sus próximas aventuras de Mindset Hacking. Gracias de nuevo, queridos lectores, les deseamos lo mejor.

www.ingramcontent.com/pod-product-compliance
Lightning Source LLC
Chambersburg PA
CBHW060900170526
45158CB00001B/431